KB067961

SO
YOU
CAN

대한민국 대표 롱보더 권도영의
롱보드와 함께하는 세계여행

SO
YOU
CAN

쏘 유 캔

권도영 지음

푸른향기

세상이 내게 배우도록 강요하는 게 하나 있다.

세상은 내게 작은 행복에 감탄하고, 기뻐하고, 크게 받아들이라 한다.

그것을 통해 작고 큰 불행과 고통을 견뎌내게 하는 것이다.

사람답게 살고 싶다

"꿈이 무엇인가요? 어떻게 살고 싶어요?"

이런 질문에, 언제부턴가 난 이렇게 답하고 있었다.

"사람답게 살고 싶어요. 그리고 가능하다면, 내 주변 사람들도 사람답게 사는 데 도움을 주고 싶어요."

나는 어려운 가정형편 때문에 남들 다 가는 대학에도 가지 못하고 방황했다. 부모님을 원망한 적도 있었다. 하지만 내가 부족한 탓이라 생각하고 더욱 열심히 살았다. 내 삶을 가치 있게 쓰고 싶었다. 내 삶이 의미 있기를 바랐다. 군생활 하는 동안 월급이 7만 원일 때부터 해외아동 기부를 시작했다. 필리핀으로 봉사활동을 가기도 했다.

그런데 이상했다. 지쳐갔다. 자존감이 바닥을 쳤고 우울했다. 사람답게 사는 것 같지 않았다. 왜 그럴까? 무엇이 잘못된 걸까? 사람답게 살기 위해서 무엇이 더 필요할까? 그 질문에 답하기 위해 난 걷고, 또 걸었다. 그제야 인생에는 의미뿐 아니라, 재미가 더해져야 한다는 걸 깨달았다.

뭔가 새롭고 활동적인 시작을 하고 싶었다. 내가 무엇을 재밌어했는지 생각해보니, 어릴 적 생각 없이 뛰어놀던 모습들이 떠올랐다. 그러던 어느 날 친한 동생의 SNS에서 한 장의 사진을 보게 되었다. 스케이트보드처럼 생긴 것을 타고 달리는 모습이 행복하고 자유로워보였다. 동생에게 물어보니 롱보드라고 했다. 이거다 싶었고, 도전했다. 처음엔 수없이 넘어지고 다쳤지만 차츰 가슴 속에 쌓여있던 답답함이 롱보드를 타며 씻겨 내려갔다. 롱보드와 두 발만 있으면 어디든 가지 못할 곳이 없었다. 기분 좋은 바람이 고민 가득한 나를 훑어내며 스쳐지나갔다. 나만의 속도와 리듬으로 달리는 일은 신나고 즐거웠다. 때론 내가 좋아하는 롱보더들과 함께 크루징을 했다. 그저 타는 것을 넘어 기술을 익히기 시작하면서, 서로 피드백을 주고받고, 마침내 성공했을 때 그 성취감은 이루 말할 수가 없었다. 장르 역시 다양해서 시도해볼 거리가 넘쳤다. 함께 만나서 보드 타는 날을 기다리게 되었다. 국내 어디를 가도, 같은 취미를 즐기는 사람들이 있다는 것에 마음이 따뜻해졌다.

어느 날 문득 이런 생각이 들었다. 해외 롱보더들과 함께 보드를 타게 된다면 어떤 기분일까? 그렇게 스물아홉, 보드를 타는 친구들과 함께 유럽으로 보드여행을 떠났다. 생애 첫 유럽여행이었다. 설렜다. 파리 에펠탑이 보이는 곳에서 보드를 타고 영상을 찍었다. 네덜란드에서는 세계에서 가장 규모가 큰 롱보드 댄싱/프리스타일 대회에 참가했다. 세계 각국에서 온 보더들을 한꺼번에 만날 수 있었던 것은 행운이었다. 더 운이 좋았던 건 그 대회에서 내가 입상까지 했다는 사실이다. 첫 유럽여행에서 얻은 뜻밖의 선물이었다.

그보다 더 값진 선물은 따로 있었다. 독일 라이프치히. 여행으로 많이 가는 도시는 아니지만, 내가 스폰 받는 브랜드, 바슬보드(Bastl boards)가 있는 도시에서였다. 생애 처음 가는 독일에서의 첫날밤, 바슬보드의 오너인 세바스찬은 내가 지낼 방으로 안내해주었다. 잠시 후 그는 양손에 맥주를 들고 찾아와서, 나를 환영해주었다. 그때 그가 보여준 환한 아빠 미소를 지금도 잊을 수가 없다. 바슬 내에서도 스폰 받는 팀원들을 패밀리라고 부르는데, 이들이 나를 따뜻하게 맞아주는 모습을 통해 내가 진정한 가족이 된 것 같았다. 기대 이상으로 즐거운 여행을 하다 보니 비로소 사람답게 사는 기분이 들었다. 보드 여행을 통해 경험한 세상은 생각보다 더 따뜻한 곳이었다.

나는 20대에 스스로에게 약속한 것이 하나 있었다. 그것은 서른 살이 되면 세계여행을 하는 것이었다. 다른 나라 사람들은 어떤 삶을 살고 있을까? 내가 살아가는 방식은 이대로 괜찮은 걸까? 어떻게 살아야 좋은 걸까? 서른이 되면 여행을 떠나, 다양한 문화, 사람을 만나며 생각해보고 싶었다.

서른이 된 이제 비로소 세계여행을 떠날 용기가 생겼다. 다른 여행자들과 다른 점이 있다면 나의 여행은 롱보드와 함께하는 여행이 될 것이다.

이 책을 통해 나의 삶과 여행이 모범 답안은 아닐지라도, 이렇게 사는 사람도 있구나 하는 예시가 되었으면 한다. 누군가에겐 삶의 위로가 되고, 누군가에겐 조금의 힌트가 되었으면 한다.

그게 아니라면 이 책과 함께 하는 시간이 잠시라도 즐거웠으면 한다.

그리고 언젠가는 당신도 당신만의 여행을 떠날 수 있기를 바란다.

So you can.

CONTENTS

LIFE

CRISIS

CONTENTS

SO YOU CAN   13

TRAVEL

구아뽀 뚜, 친해지는 마법의 주문

스페인, 러시아

현지어를 조금이라도 흉내 내 보는 것, 그것은 "난 당신이 좋아요"라고 말하는 것이고, "나도 당신이 좋아요"란 대답을 듣는 것과 같았다.

여행 떠나기 전에 생각에 잠겼다. 난 분명 이번 여행에서 행복하고, 나중에도 거듭 추억할 것이 뻔한데, 나와 함께 하는 친구들도 이 여행을 추억할 수 있는 선물이 있다면 좋지 않을까? 남대문시장을 돌아다니며 한국 관련 선물을 준비했다. 선물과 함께 한 도시 여행이 끝날 때마다 편지를 써주려고 우리나라 지도가 그려진 엽서도 100장이나 챙겼다. 감사함을 표현할 수단은 챙겼으나, 처음 만나서 어떻게 친해질까? 하는 난제가 남아있었다. 대부분의 친구들은 이번 여행을 통해 처음 만나기에.

어떻게 해야 쉽게 친해질 수 있을까? 물론 롱보드라는 공통의 관심사가 있어서 열린 마음이겠지만, 조금 더 빠르게 친해지고 싶었다. 이럴 땐 역지사지가 답. 반대로 외국인이 한국에 여행 와서 한국 사람들과 쉽게 친해지고, 호감을 사기 쉬운 방법이 어떤 게 있을까를 생각해보니, 마음으로 다가가는 심플한 방법이 떠올랐다.

그건 그 나라 언어를 시도해보는 거였다. 각 나라를 여행할 때마다 휴대폰에 메모를 하나 만들었다. 해당 언어를 기록하는 메모장이었다. 하나하나 현지어를 물어보고 시도하고 배운 말들을 기록했다. 그리고는 밤에 잠들기 전과 일어난 직후 등 틈틈이 보면서 외우고, 하루에 한 번이라도 써먹었다. 그러다보니 외국인들과 쉽게 친해졌다. 특히, 유행어는 현지인과 친해지는 마법의 주문이나 다름없었다.

스페인에서 있었던 일이다. 스페인 바르셀로나에 도착한 다음날 타리파로 바로 떠나는 일정이었다. 바르셀로나에 살고 있는 스페인 친구들과 함께 떠났다. 밴을 타고 거의 하루 종일 걸리는 거리였다. 심심해 보이는 친구들에게 말을 걸었다. 혹시 내게 스페인어를 조금 가르쳐줄 수 없냐고 말이다. 내겐 스페인 친구들에게 하고 싶은 말들이 가득 쌓여 있었다. 그랬더니, 스페인 친구들이 기본 회화를 가르쳐주었다. 스페인어로 상대방이 계속 말을 하는데, 못 알아듣겠고, 할 말이 없을 때 그 사람에게 "구아뽀 뚜(너 이쁘다)!"라고 하면 된다는 팁까지 들었다.

타리파에 도착한 그날 저녁, 많은 친구들이 모여서 밥을 먹고 술을 마시는 자리가 생겼다.

"우하으카오가웅와도(못 알아듣는 말들)."

"도영! 크으루오가오다니뱡."

옆에서 영어를 해주는 친구도 있었지만, 스페인 사람들은 영어를 잘 못하기 때문에 주로 스페인어로 대화가 이어졌다. 스페인 친구들이 술 마시며 서로 농담을 주고받는데, 어느 순간 내 이름이 나오는 걸 들었다. 이때가 기회라는 생각에 나는 배운 대로 말했다.

"구아뽀 뚜(Guapo tu)!"

갑자기 주변에 있던 스페인 친구들이 폭소를 터트렸다. 여자애가 못 알아듣는 스페인어로 말을 걸어도 난 "구아뽀 뚜"라고 답했다. 그때 내 입에서 나올 모든 대답은 "구아뽀 뚜"로 정해진 거나 다름없었다. 스페인에서는 여성, 남성을 구별해서 말하기 때문에 "구아빠 뚜"라고 해야 했지만, 그것은 중요하지 않았다. 다만, 나의 첫마디 이후로 분위기가 부드러워진 것만은 확실했다. 영어를 못하는 스페인 친구들도 내가 스페인어를 배우려고 애쓰는 모습을 보이니 하나씩 가르쳐주면서 쉽게 친해질 수 있었다. 운 좋게도, 다음날 '댄스 위드 미(Dance with me)' 행사를 위해서 스페인 각지에서 사람들이 모였고, 난 '구아뽀 뚜'를 시작으로 단번에 스페인 전역에 친구가 생겼다. 스페인 여행 내내 그 자리에서 만났던 친구들의 도움으로 즐거운 여행을 할 수 있었다. 내게 '구아뽀 뚜'는 최고의 주문이었다.

러시아에서 있었던 일이다. 모스크바를 여행할 때, 니키타란 친구와 함께 했다. 니키타는 아쉽게도 영어를 할 줄 몰랐다. 우린 번역기를 이용해 대화를 이어갔다. 대중교통인 지하철을 타고 니키타의 집에 가는 길에 여느 때처럼 기본회화들을 러시아어로 어떻게 하는지 물어보았다. 니키타의 러시아어는 내게 멘붕이었다. 러시아어는 그동안 여행하며 따라해 본 언어 중에서 가장 발음이 어려웠다. 세상에 이런 언어가 있다니 거듭 놀랐다. 그래도 어찌 포기하겠는가? 니키타는 노력하는 내 모습에 최대한 천천히 발음해주었다. 계속 틀렸지만, 조금이라도 가깝게 흉내 낼 수 있도록 반복해서 연습할 뿐이었다.

"니키타, '땡큐'가 러시아어로 뭐라고 했지?"

"쓰바이씨벌"

"쓰바이 왓?"

"쓰바이씨벌"

이거 욕 아냐? 제대로 가르쳐주는 거 맞아? 라는 생각을 속으로 삼키며, 니키타의 발음을 최대한 흉내 내 보았다. 이때, 옆자리에 탄 러시아인들이 깔깔대며 웃었다. 아등바등 연습하는 나를 귀엽게 봤는지, "어디서 왔냐?" "러시아는 처음이냐?" 하며 말을 걸었다. 아예 우리가 있는 자리로 넘어와 대화를 나누고, 내게 러시아어를 몇 마디 가르쳐주었다. 잠시 후 그들이 내릴 준비를 했고, 나는 그들에게 배운 인사를 누구보다 먼저 건넸다.

"빠까(잘 가)."

그들도 웃으며 "빠까"라는 답인사를 해줬다. 처음 온 모스크바는 서유럽보다 낡고, 스산한 분위기라 위축됐는데, 갑자기 집에 가는 길이 즐거워졌다. 절로 입가에 미소가 지어졌다. 모든 게 낯선 첫날부터 러시아와 한층 가까워진 느낌이었다.

단지 스페인과 러시아에서만 일어났던 일이 아니다. 영어를 할 수 있지만, 영어 외에 그 나라 언어를 조금씩 시도하는 것만으로 즐거운 여행을 하는 데 큰 도움이 되었다. 유창한 게 중요한 것이 아니라, 진심으로 다가가려는 태도가 모두에게 통한 것이다. 그 나라에 조금씩 동화되어 보는 것, 현지어를 조금이라도 흉내 내 보는 것, 그것은 "난 당신이 좋아요"라고 말하는 것이고, "나도 당신이 좋아요"란 대답을 듣는 것과 같았다. 소소한 언어에 의미가 담기고, 좋은 친구가 늘었다.

도브리디엔요(Have a good day)!

구아뽀 뚜! 구아빠 뚜!(Guapo tu! Guapa tu!)

나만의 여행 스타일

낭트, 프랑스

한 도시를 여행하는 가장 즐거운 방법은 보드로 크루징하는 것이었다. 트램이나 지하철, 버스 등을 타고 돌아다니는 것보다 더 도시를 피부로 느낄 수 있는 방법, 도시와 함께 호흡하는 여행, 이것이 바로 나에게 맞는 여행의 방법이었다.

여행을 떠나는 사람마다 자기만의 여행 방식이나 테마가 있다. 누군가는 전세계의 아이스크림을 맛보러 여행을 다닐 수도 있고, 또 누군가는 나라마다 먹방을 테마로, 또 누군가는 무전여행을 떠나며 히치하이킹으로만 다니기도 한다. 미술관 위주로 다닐 수도 있고, 그림을 그릴 수도, 음악 버스킹을 할 수도, 다양한 여행지에서 같은 포즈로 사진을 남기기도 한다. 여행지마다 하나의 음악만 반복해서 들으며, 돌아와서도 같은 노래를 들을 때마다 여행할 때의 기분을 되살리는 방식도 있다. 세상에 존재하는 사람의 숫자만큼이나 다양한 여행스타일이다. 나 역시 내 스타일대로 나만의 여행을 즐겼다.

1. 현지 친구의 일주일을 맛보기

이번 여행 스타일은, 한 도시를 일주일 정도 여행하며 같은 취미를 즐기는 현지 친구의 집에서 함께 지내는 것이다. 단순히 지구상의 다양한 장소에서의 여행을 넘어, 한 사람의 일주일을 맛보는 것이다. 다시 말해 그들의 일상과 취미를 함께 경험하고 그들과 함께 그 도시를 여행했다.

일주일마다 도시가 바뀌는 여행은 매주 한 번씩 이사를 다니는 모양새였다. 매번 새로운 집과 방의 인테리어에 질릴 새가 없었다. 고층빌딩가의 불빛 가득한 야경, 한적한 시골의 어둑하게 침잠한 밤하늘, 초록으로 물든 공원, 햇살 가득 담은 바다, 창밖으로 내다보이는 경치가 일주일마다 바뀌었다. 그곳에서 맘껏 쓰는 일주일이 여행 내내 주어졌다. 돈을 흥청망청 쓴다는 게 아니라, 시간을 마음껏 보낼 수 있다는 것이었다.

혼자가 아니라, 현지의 친구 혹은 친구가 될 사람과 함께 하는 여행. 친구가 그 동네에서 가장 좋아하는 음식을 먹으러 함께 맛집투어를 떠나고, 서로 좋아하고, 자주 듣는 음악을 번갈아 틀고, 근래 빠져있는 취미를 함께 즐기며 추억이 쌓여가는 만큼 나의 여행도 풍요로워졌다. 다양한 삶을 만나게 되면서 세상을 살아가는 방식엔 정해진 답이 없다는 것을 알게 되었다. 따라서 선택의 폭도 넓어졌다. 덕분에 여행에서 돌아온 후 받은 가장 곤란한 질문은 "어디가 가장 좋았어?"였다. 여행지마다 색다르고 아름다운 추억들이 가득했기에.

2. 크루징(롱보드를 타고 주행하는 것)을 하며 도시를 맛보기

여행을 시작하고 얼마 지나지 않아 나 자신에 대해 터득한 바가 있었다. 내가 더 즐겁게 도시를 느끼며 여행하는 방법이 무엇인지를. 그것은 크루징을 하며, 눈을 똑띠 뜨는 것이었다. 이것을 확실히 깨달은 것은 프랑스 낭트에서였다.

두 번째 여행지였던 파리에서 즐거운 시간을 보내고 있을 때, 페이스북 글에 알림이 떴다. 프랑스 서쪽 해안가에 위치한 낭트에도 오지 않겠느냐는 글이었다. 난 파리에서 일주일을 보내고 곧장 낭트로 향했다. 역에 도착했더니 "봉쥬르" 인사 소리가 뒤에서 들려왔다. 부드러운 미소를 띤 한 남자. 나를 불러준 메디와의 첫 만남이었다.

8층에 살고 있는 메디의 집에서 아침 햇살을 맞으며 보는 풍경은 숨막히게 아름다웠다. 내가 잠들고 일어나는 곳이 거실이었고, 거실의 창문은 통유리로 되어있어 날마다 떠오르는 해를 맞으며 일어나 아름다운 풍경을 볼 수 있었다. 어느 날 무지개가 통유리 너머 하늘을 가로질렀을 땐 감탄이 절로 나왔다.

부활절(Easter day)엔 다들 가족과 시간을 보내고 있어 낭트의 로컬 보더들을 만날 수 없었다. 시내는 한적할 뿐이었다. 조금 있다가 비가 온다고 하니, 이때 크루징하는 영상을 찍어야겠다고 생각했다. 메디에게 영상을 찍어줄 수 있냐고 물으니 "Why not?(당연하지)" 한다.

바다 냄새가 나는 바람이 살랑살랑 불고 있었다. 우리는 바람이 이끄는 방향을 따라 시내를 돌아다니며 보드를 탔다. 내비게이션은 필요가 없었다. 자연이 허락한 방향으로 보드가 날 데려갔고, 그 위에서 나는 간단한 스텝을 밟기만 하면 되었다. 그 자체로 완벽했다. 특별한 고난이도 기술은 필요가 없었다. 롱보더로서 넘볼 수 없는 스킬을 부리는 것보다, 자연의 리듬에 맡겨 온몸이 반응할 때 찾아오는 따스하면서 시원하게 감싸주는 투명한 감정에 심장이 울렁거렸다.

스트릿을 가벼운 댄싱으로 누비며 다니다 보니 영화 같은 장면들이 휙휙 지나갔다. 보드 타는 길 옆으로 프랑스 바다가 보였고, 유람선으로 보이는 크디 큰 배가 느릿느릿 지나갔다. 영화 속 주인공이 된 것 같았다. 행복했다. 한국에서도 크루징을 좋아하던 나는, 다시 한 번 깨달았다. 내가 원하는 건 그리 거창한 게 아니었다는 것을. 그저 단순히 보드를 타며 이 순간을 즐기는 것이 바로 내가 찾던 행복이었다. 한 도시를 여행하는 가장 즐거운 방법은 보드로 크루징하는 것이었다. 트램이나 지하철, 버스 등을 타고 돌아다니는 것보다 더 도시를 피부로 느낄 수 있는 방법, 도시와 함께 호흡하는 여행, 이것이 바로 나에게 맞는 여행의 방법이었다.

비가 내리기 시작해 서둘러 집으로 돌아온 우리는 함께 찍은 영상을 편집하며 놀았다. 쓸만한 클립을 자르고, 붙였더니 5분가량이 나왔고, 이걸 2분으로 줄이기 위해 다시 선택을 해야 했다. 메디 여자친구를 불러 불필요한 곳을 지적받으며 다 같이 영상을 만들었다. 그들은 영상 편집 실력이 부족한 내게 큰 도움을 주었다. 이렇게 해서 잊지 못할 낭트 크루징 영상이 나왔다. 이때부터 모든 여행지마다 크루징으로 추억을 새겼다.

두 가지 여행 스타일은 적절히 버무려져, 나만의 여행길이 펼쳐졌다. 평생 잊을 수 없는 시간들을 아주 많이 나눌 수 있었다. 그렇게 각 도시는, 도시의 이름이 아닌, 친구의 이름으로 어느덧 바뀌어져 있었다. 낭트는 메디로, 베이징은 양총으로, 암스테르담은 굴리드로, 헤이그는 알토와 디니카로, 쾰른은 줄리아로, 빈은 듀드로, 카디스는 차노로 등등, 여행을 하면 할수록 수십 개의 닉네임이 생겼다. 각 도시 이름보다 친구의 이름이 더 아름답기에 자연스럽게 덧씌워졌다. 마치 내 여행에서 친구들을 빼놓을 수 없듯이. 함께 해서 더 웃을 수 있었다.

중국 여행은 음식으로 꽉 채워졌다. 중국 음식들을 다 먹어봐야 한다며, 많은 음식을 먹을 거니, 조금씩 먹으라고 했다. 그렇게 돌아다니며 먹기 시작했다. 한 가게 들어가서 음식 2~3가지를 시켜먹고, 건너편 가게로 넘어가 또 먹었다. 몇 번을 먹었는지 헤아리기 힘들 즈음 잠깐 소화를 시킨다며 유명한 거리를 구경시켜주었다. 그런데 투어 중간중간 길거리 음식을 엄청나게 먹었다. 마지막 날 난 늦어도 아침 10시엔 공항으로 떠나야 했고, 양충은 아침 9시에 호텔로 찾아올 테니, 호텔음식 말고 아침 먹으러 돌아다니자고 했다. 72시간 동안 먹은 음식이 100종류가 넘었다. 그가 공항으로 데려다주면서 말했다.

"아직 음식 못 먹은 거 있으니, 베이징 또 와야 해."

네가 왜 기리야, 어디서 기리 흉내야

세비야, 스페인

여행지가 단순히 여행지가 아니라 현지 친구들과 연결이 되었을 때, 그곳이 어디건 최고의 여행지가 되고 만다는 것을 이번 여행을 통해 깨우쳤다.

스페인의 남쪽, 안달루시아 지방, 그 중에서도 세비야에 왔다. 타리파에서 처음 만난 흑인 친구 압둘(Abdul)이 초대해줬다. 세비야에서 어울리는 친구들은 모두 유쾌했고, 처음 본 나를 잘 챙겨주었기에 기쁜 마음으로 그들의 초대에 응했다. 스페인 흥부자들과 어울리는 시간이 기대됐다. 압둘이 말했다.

"도영, 너도 내 친구니까 니그로 혹은 니가(Nigga, 잘 알지 못하는 사람이 부르면 흑인을 비하하는 말이지만, 친한 이들끼리는 애칭처럼 편하게 부른다)라고 불러도 돼!"

이들과 같이 세비야를 돌아다녔다. 세비야는 다양한 문화권이 공존한 건축양식들이 많다. 이슬람 풍의 거리 모습과 건물, 유네스코세계문화유산에 등재된 세비야대성당, 거리를 누비는 말과 마차 등 도시 자체가 특이하면서도 예쁘다. 그래서였을까? 거리에는 언제나 많은 사람들로 북적거렸다.

"우와, 여기 진짜 사람 많다! 건물들도 다 이쁘고 완전 좋아!"

"아! 근데 저 사람들 대부분 기리(Guiri)*야."

"기리?"

"응! 기리! 영어로 뭐라 하지? 아무튼 기리 있잖아!"

상황을 지켜보니, 여행하는 사람을 말하는 것 같았다. 관광객 말이다.

"그럼 나도 기리네? 나 기리야 기리! 요 소이 기리(Yo soy guiri)."

"하하하하하."

함께 있던 친구들 모두 내 말을 듣더니 빵 터졌다. 서로를 치며 난리가 났다. 매번 느끼지만, 스페인 친구들은 참 웃음이 많다. 당연한 말을 했을 뿐인데, 이렇게 크게 웃을 수 있다니 놀라웠다.

"도영, 넌 기리가 아니야. 넌 우리 친구잖아. 로컬이랑 어울리잖아. 기리는 저기 몰려다니면서 사진 찍고 그런 사람들이지! 저렇게 둘러보다 가버릴 거야."

"그니까 나 기리야! 대신에 좋은 기리 할래! Good guiri."

"얘들아, 나 여기 있는 동안 기리 데이 할까? 기리 타임도 갖고!"

"무슨 말이야?"

"세비야에 사는 너네를 내가 기리로 만들겠어!"

위풍당당하게 그들에게 말했다. 스페인 사람이 기리를 말할 때, 사실 마냥 좋은 의미는 아니었다. 그저 관광객. 좀 더 솔직히 말하면, 시끄럽고 불편한 존재를 뜻하기도 했다. 물론, 난 단순한 관광객은 아니다. 난 여행하면서 그 나라 사람들 분위기에 동화되려 한다. 그 시간만큼은 그들의 일부가 되고 싶다. 이 도시 친구들은 어디에서 밥을 먹는지, 어떤 밥을 먹는지, 무슨 일을 하는지, 어떤 음악을 듣는지, 무슨 생각들을 하는지, 어떻게 생활하는지를 공유하는 게 내겐 중요했다. 그러나 그 도시를 둘러보는 관광 역시 중요하지 않나? 그 또한 여행의 일부니까.

"치카 치코스! 얘들아! 여기 좋다! 자, 기리 타임!!"

내가 기리 타임을 외치면 다 같이 사진을 찍었다. 마치 이곳에 처음 온 것마냥 행동했다. 처음엔 다들 얘가 뭐하는 거지? 라며 의아해했다. 그러나 시간이 지나자 그들은 이 순간을 함께 즐기기 시작했다. 오히려, 나보다 먼저 나섰다.

"도영! 기리타~~임!!!"

"저기 가서 기리 타임 갖자!"

"야야야, 저쪽도 좋아 보이는데?"

"니그로, 너 빨리 안 오냐!!"

하루를 마치고, 친구네 집에 모여서 장난을 치는 것도 즐거웠다. 특별히 재밌는 일이 있는 것이 아니라, 함께 어울리는 순간 우리는 웃음 바이러스에 걸린 것과 같았다. 노래를 틀어놓고, 서로 웃고 떠들고, 놀리며 하루가 저물어가는 순간을 아쉬워했다. 즐거웠던 만큼이나 시간이 야속했다.

"아… 기리 데이 벌써 끝났어!"

"진짜 재밌었어! 내일도 기리 데이 하자! 기리 데이!"

"우리 아직 세비야에서 못 간 곳이 너무 많아. 내일 아침엔 내가 엄청 좋아하는 브런치 가게에 같이 가자! 그걸로 또 하루 기리 데이를 시작하는 거야! 다들 빠질 생각하지 마."

스페인의 뜨거운 에너지가 느껴졌다. 이제 누가 기리인지 알 수 없었다. 그들은 멋지고 예쁜 기리가 되어갔고, 내 안에 그들의 활기찬 에너지가 스며들었다. 다음날 아침부터 또 한 번의 행복한 기리 데이가 시작되었다.

함께해서 더 맛있는 브런치를 먹고, 시에스타(Siesta, 낮잠시간)를 가졌다. 스페인 남쪽은 한낮에 너무 덥다. 특히 여름엔 해가 너무 뜨거워서 밖을 돌아다닐 수 없다고 한다. 그래서 생긴 것이 시에스타. 다들 압둘 집 한 방에 줄줄이 사탕마냥 달라붙어 시에스타를 즐겼다. 시에스타가 끝나고, 우리는 또 다시 기리 타임을 갖기 위해 돌아다녔다. 하루하루 기리 타임으로 채운 내 휴대폰 앨범은 그들과의 사진으로 가득 찼다. 그리고 마침내 헤어져야 하는 날이 왔다. 그날이 오지 않기를 바랐는데, 벌써부터 그리웠다. 보고 있어도 그립다는 말이 어울리는 순간이었다.

"도영! 넌 최고의 기리야! 보고 싶을 거야."

"진심으로 너희 덕분에 행복했어."

"너 진짜 여기 다시 와야 해! 네가 무슨 기리냐! 이제 넌 그냥 스페인 사람이야!"

"하하하. 나도 너희가 진짜 보고 싶을 거야. 절대 잊지 못해. 연락 자주 하자! 알겠지?"

아모벤스(amovens, 블라블라 카와 같은 카풀 서비스)를 부르고, 차 주인이 올 때까지 함께 기다려준 그들. 차 주인으로 보이는 이가 나타나자, 그에게 친구들 5~6명이 한꺼번에 달려갔다. 깜짝 놀란 차 주인에게 나를 잘 부탁한다며 이야기했다. 이들을 내가 어찌 잊을 수 있을까? 덕분에 난 안심하고 다음 여행지로 이동할 수 있었다.

　여행에 답은 없다. 관광 역시 훌륭한 여행의 방법 중 하나다. 함께 관광하며 다닌 친구들이 즐거워했으니 틀림없다. 다만, 내겐 관광뿐 아니라 현지인들을 이해하는 것. 그들과 그들 삶의 방식으로 함께 즐겨보는 것. 그들을 알아가는 것이 더 즐거울 뿐이다. 단순히 여행지가 아니라 현지 친구들과 연결이 되었을 때, 그곳이 어디건 최고의 여행지가 되고 만다는 것을 이번 여행을 통해 깨우쳤다.

　나는 멋진 여행가는 아니다. 그러기엔 너무도 어설프다. 세계를 여행했어도 여전히 허점투성이인 초보 여행자이다. 다만, 난 행복한 기리였다. 사랑하고 사랑받는 기리. 난 기리여서 행복했다.

　* Guiri : [구어]외국 관광객

엄마가 너 대신 살아줄 수 없어

타리파, 스페인

화려한 기술이 아니더라도 자세히, 오래, 깊이 하는 것에도 즐거움은 있었다. 나는 남들보다 '잘 타는' 사람은 되지 못했지만, 스스로 자부할 만큼 보드를 '잘 즐기는' 사람이 되었다.

어쩌면 난 조금 이상한 사람인지도 모른다. 나 자신이 그 누구보다 평범한 사람이라고 우기곤 하지만, 가끔 나 스스로도 이상하다 싶을 때가 있다. 보통 사람들과는 다른 선택을 한다는 생각이 들 때면 특히나 그렇다.

나이 서른에 가진 것 전부를 써서 여행을 떠나는 사람은 얼마나 될까? 누군가는 내게 용기가 있다고 말하지만, 사실 난 겁쟁이다. 안타깝게도 나는 이 시대에 평범한 기준을 따르기가 벅차고, 실패하는 게 두려울 뿐이다. 막 스물이 되었을 무렵, 요즘 사회는 왜 이렇게 개인에게 바라는 것이 많은지, 또 나이에 따라 정해진 모습들은 대체 어느 누구의 기준인지에 대해 의문이 가득했다. 내로라할 대학에 들어가 스펙에 몰

두해 대기업에 취업해, 차근히 승진하는 그 모습들을 당연하게 따라야만 하는 것일까? 그 길을 똑바로 걷지 않는다면 진정 낙오자, 실패자가 되는 것일까? 평범하게 산다는 것이 이토록 어렵다니. 이러한 질문들이 머리를 가득 채울 때 엄마가 내게 자주 했던 말이 떠올랐다.

"도영아, 엄마가 너 대신 살아줄 수 없어."

네 인생이니 네가 알아서 살라는 무책임한 말이 아니었다. 엄마는 이 험한 세상을 살아가야 하는 내가 걱정이 되었던 거다. 엄마가 살아보니 인생은 힘든 일로 가득한데, 앞으로 내게 다가올 힘든 일들을 대신 겪어주지 못해 안타까워하는 표정이었다. 그렇다. 세상에서 나를 가장 사랑하는 사람은 엄마이니까. 그런 엄마마저 내 인생을 대신 살아줄 수 없다. 그 말은, 나 말고 그 누구도 내 삶을 살아줄 수 없다는 뜻이다. 빼박이다. 다른 누구도 아닌 내가 나를 책임져야 하고, 스스로 내 인생을 살아내야 한다.

그때부터였는지도 모른다. 어떻게 살아가야 할지에 대한 고민이 더욱 깊어진 것이. 그래서 나름의 답을 내린 것이 '사람답게 살자'였다. 내가 사람답게 사는 데 필요한 것을 배우고 익혀, 기왕이면 다른 사람들도 사람답게 살아가는 데 도움이 되며 살아가자고 마음먹었다. 그 신념으로 나는 지금까지 살아왔다

서류만 제출하면 군면제 대상이었던 난 성실한 태도를 기르자며 군 입대를 했다. 시급으로 따지면 형편없는 군생활이지만, 주어진 일들을 묵묵히 해낼 수 있다면 사회에 나와 어떤 일을 하더라도 열심히 할 수 있지 않겠는가? 성실하게 일하는 태도를 기르기에 이보다 더 좋은 곳이 있을까? 라고 생각했다. 내게 군대는 나를 단련시키기 위한 최적의 장

소였다. 그 이후 어디서 일하던 열심히 일하는 성실한 사람으로 불렸다.

열심히 일하는 것을 넘어, 사람답게 사는 데 재미를 빼놓으면 안 되겠다고 느꼈을 때, 롱보드라는 새로운 세계에 입문했다. 주변에서 남들보다 더 잘 타려고 노력할 때, 나는 가장 기본이 되는 것 하나하나에서 즐거움을 찾았다. 나태주 시인이 「풀꽃」이라는 시에서 '자세히 보아야 예쁘다. 오래 보아야 사랑스럽다'라고 말했듯이 화려한 기술이 아니더라도 자세히, 오래, 깊이 하는 것에도 즐거움은 있었다. 나는 남들보다 '잘 타는' 사람은 되지 못했지만, 스스로 자부할 만큼 보드를 '잘 즐기는' 사람이 되었다.

스페인 카디스를 여행하던 중 냉장고에 붙어있는 엽서 한 장을 발견했다. 여행을 즐기고, 아이들을 사랑하는 부부의 집에서였다. 이 부부는 타리파에서 많은 어린이들의 롱보드 라이프를 후원하는데, 그 엽서에는 다음과 같은 시가 적혀 있었다.

바로 이게 당신 인생이에요.

사랑하는 것을 해요. 자주 해요.

혹시 뭔가 마음에 안 들어요? 그럼 바꿔요.

하는 일을 좋아하지 않나요? 그럼 그만둬요.

충분한 자신만의 시간이 없다면, 티비 보는 걸 멈추세요.

당신 삶의 사랑을 찾고 있다면 멈춰요.

그건, 당신이 사랑하는 일을 시작하기를 기다리고 있어요.

분석하고 제멋대로 판단을 내리는 것을 그만 멈춰요.

인생은 단순해요.

모든 감정은 아름다워요.

당신이 뭔가를 먹을 땐, 음미하세요. 한 입 한 입 모두요.

새로운 것들, 사람들에게 두 팔 벌려 마음을 열어요.

우리는 다름 안에서 하나가 돼요.

지금 옆에 보이는 사람에게 그들의 열정을 물어봐요. 그리고 당신
의 꿈을 나눠요.

여행을 자주 해요.

길을 잃어버리는 것이 당신 자신을 찾는 데 도움을 줄 거예요.

몇몇 기회들은 딱 한 번만 와요. 딱 잡아요.

인생은요,

당신이 만나는 사람들, 그리고 그 사람들과 당신이 만들어내는 것
이에요.

그러니 밖에 나가요. 그리고 창조하기 시작하세요.

인생은 짧아요. 당신의 꿈대로 살아요. 그리고 열정을 나눠요.

이 엽서를 보는 순간, 말로 표현할 수 없는 공감과 감동이 파도처럼 밀려왔다.

여행은 내 마음을 열게 한다. 새롭게 태어나게 한다. 지금 있는 장소에서 가장 좋은 것, 아름다운 것을 보게 한다. 실제 그 도시에서 사는 이들이 놓치는 것마저 보게 한다. 내 감정을 더 잘 느끼게 한다. 여행하는 내내 얼마나 자주 탄성을 지르고 음식은 또 얼마나 맛있게 느껴지던가? 내 옆에 함께 하는 이들과 기쁜 감정을 나누고 각자 다른 열정에 영향을 받아 얼마나 불타오르게 하던가? 헤어질 때 얼마나 큰 슬픔과 아쉬

SO YOU CAN   39

움에 젖게 하는가? 반면 평소 우리는 끝없이 반복되는 일상에서 무뎌져 가고 지쳐간다. 그래서 우리는 여행을 떠난다. 여행은 잃어버린 생기를 불러일으킨다. 내 감정에 충실하게 해준다. 삶의 열정이 있는 사람들과 연결해주고, 행복을 공유하게 해준다. 어쩌면 내가 여행을 하는 동안 나는 많이 바뀌지 않았을지도 모른다. 다만 언제나 그랬듯이, 내가 걸어온 여행의 경험들은 느리지만 확실하게 내 삶에 녹아들 것이다. 천천히, 깊숙하게. 그리고 단단하게.

함부르크 is Simon's'

함부르크, 독일

일이 꼬이긴 했지만, 또 다른 즐거움이 생겼으니. 한쪽 문이 닫히면, 다른 문이 열린다는 걸 몸소 체험한 여행이었다. 여행뿐 아니다. 인생 역시 마찬가지다. 예측할 수 없는 즐거움을 찾는 재미가 있다.

함부르크를 여행해 본 적은 한 번도 없지만, 전혀 낯설지가 않다. 내게 함부르크는 사이먼(Simon), 사이먼은 함부르크, 라는 인식이 있어서다. 작년 쏘유캔(So you can longboard dance 롱보드 댄싱/프리스타일 대회)에서 만났던, 사이먼이 함께 있는 내내 함부르크에 오라고 말했기 때문이다. 갑자기 나타나선 함부르크를 말하고 유유히 사라지기를 반복하던 그가 귀여웠다. 지난 여행에선 기간이 짧고 꼭 가야 하는 곳들이 있어 포기할 수밖에 없었던 함부르크. 아쉬워하던 사이먼의 표정을 잊지 못하고, 이번 여행을 통해 올 수 있었다. 과연 사이먼이 신나게 자랑하던 함부르크는 어떨까?

"도영, 미안해. 내가 요즘 너무 바빠."

막상 함부르크에 와보니 문제가 있었다. 미리 내가 여행하는 날짜까지 다실바 팀라이더 사이먼이 편한 날짜에 맞췄는데도, 갑자기 회사일이 바빠져서 어울리기 힘들었다. 다행히 또 한 명의 사이먼(Simon)이 함부르크에 있어 그 친구 집에서 지낼 수 있다고 했다. 다실바 사이먼이 아쉽지만, 그래도 함께 어울릴 친구가 있으니 다행이다 싶었다. 어떻게 이름까지 똑같은지 신기했다.

"도영, 나 지금 응급상황이야."

또 다른 사이먼은 내가 오기 바로 전날에 크게 다쳤고, 내가 함부르크 온 다음날 아침 일찍 어깨 수술이 잡혀있었다. 수술 후에는 입원해있어야 하니 사이먼과 함께 어울릴 수 있는 시간은 도착 당일밖에 없었다. 비가 조금씩 내리긴 했지만, 함께 시내를 구경하며 어울렸다.

"도영, 우리 집에서 못 지낼 것 같아."

그날 밤, 사이먼은 다쳐서 속상해하면서도 불러놓고 챙겨주지 못하는 자신의 처지를 한탄했다. 수술 후 아내 혼자 집에 있게 되니 내일부터 재워줄 수 없다며 내게 미안해했다. 상황이 이렇게 돼버린 것을 어찌하겠는가. 미안해하는 그에게 나는 괜찮다고 했다. 그가 꼭 나를 재워줘야 하는 건 아니지 않은가. 아쉬워하는 그를 위로하며 함께 내가 묵을 호스텔을 알아보았다.

'도영, 나 함부르크에 아는 사람 있는데, 만나볼래?'

그때 내가 스폰 받는 바슬 브랜드의 오너, 세바스찬(Sebastian)에게서 페이스북 메시지가 왔다. 잘 지내고 있냐며, 라이프치히에는 언제 오냐며, 1년 만에 다시 만날 수 있다는 사실에 서로 설레며 이야기를 나눴다. 페이스북을 통해 내가 함부르크에 있는 것을 봤는데, 스튜디오 롱보드 샵(Studio longboard)에 들러 달라고 했다. 알고 보니, 스튜디오 롱보드 샵 오너는 바슬 여자친구의 친척이었다. 여행은 한 치 앞을 알 수 없다더니, 이렇게 나는 또 다른 인연을 맺고 그의 집에서 머물게 되었다.

하루 만에 참 많은 변화가 생기니, 재밌다는 생각이 들었다. 빨간머리 앤의 "만약 뭐든지 다 알고 있다면 분명 재미없을 거예요"라는 대사가 떠오르는 순간이었다. 이 모든 걸 미리 알았더라면, 감흥이 없었을 것이다. 스튜디오 롱보드는 단순히 롱보드, 그리고 스트릿브랜드를 취급하는 샵이 아니라, 음악과 연결된 샵이었다. 롱보드가 벽에 걸려있고, 방안은 악기들로 가득 차 있었다. 녹음공간이 있었고, 그동안 여행하며 보았던 롱보드 샵들과는 판이하게 달라서 신기했다. 샵 오너 세르지(Sergei)는 자신이 좋아하는 음악과 보드 모두 포기할 수 없었고, 자신만의 독특한 샵을 차렸다. 여행의 예측할 수 없는 점이 생각지도 못한 경험을 준 셈이다. 세상 어디에도 없는 특별한 샵을 만났으니.

함부르크 여행의 흐름은 명백히 좋아졌다. 이제 즐거운 일이 찾아오겠지. 아니나 다를까. 다음날 아침 휴대폰에 2명의 사이먼 모두에게서 연락이 와있었다. 어깨 수술을 했던 사이먼이 메시지를 보냈다.

'도영, 의사선생님이 나 수술 잘 되었다고 하더라. 앞으로 보드 못 탈까봐 걱정했는데, 재활만 잘하면 될 것 같아. 다음엔 너랑 보드 탈 수 있겠지?'

다행이었다. 화장실 조명마저 보드를 활용해 바퀴 부분을 조명으로 활용할 정도로 보드를 좋아하는 친구이니까. 앞으로 안 다치고 오래 함께 즐길 수 있으면 좋겠다.

연속된 야근으로 힘겨워하던 사이먼의 메시지는 이렇게 적혀있었다.

'오늘은 보드 타자! 오늘은 무조건 일찍 가야 한다고 상사한테 말했어. 주말에도 일할 테니 제발 오늘 하루만 일찍 보내달라고 했거든. 다행히 허락받았어. 이대로 널 보낼 순 없지.'

사이먼을 만나 보드를 타기로 한 메인 스팟으로 가는 길. 함부르크는 매순간 날 감탄하게 했다. 어디를 보아도 새하얀 건물들로 가득했고, 아름다운 화단이 조성된 길을 따라 크루징을 해서 해변으로 나왔다. 잠시 백사장에 앉아 멍하니 바다를 바라보다 시간 맞춰 배를 탔다. 함부르크는 신기하게도 배가 버스와 같은 대중교통에 속해서 버스 1일 이용하는 티켓으로도 이용 가능했다. 혼자서 탁 트인 곳을 돌아다니며 지도와는 상관없이 돌아다닌 2시간은 행복했고 자유로웠다. 곧 있으면, 사이먼을 만난다는 생각에 더 즐거웠는지도 모른다.

메인 스팟에서 사이먼을 만나 우리는 신나게 보드 타고, 스케잇 게임도 하고, 영상도 찍으며 놀았다. 그리고 저녁엔 사이먼 집에서 식사를 같이 하며, 서로의 이야기보따리를 풀어놓았다. 좋은 사람을 만나, 즐거운 이야기를 나누는 시간만큼 행복한 게 어디 있을까? 시간은 참 빠르게 흘러갔다. 어느덧 4시간이 훌쩍 지났고, 난 그와 헤어져야 했다.

함부르크 4일 여행 중에 단 하루 사이먼을 봤지만, 내게 함부르크는 여전히 사이먼이고, 사이먼은 함부르크이다. 아니, 이제 함부르크는 Simon's이다. 또 한 명의 사이먼을 알게 되었기에. 처음에 일이 꼬이긴 했지만, 또 다른 즐거움이 생겼으니. 한쪽 문이 닫히면, 다른 문이 열린다는 걸 몸소 체험한 여행이었다. 여행뿐 아니다. 인생 역시 마찬가지다. 예측할 수 없는 즐거움을 찾는 재미가 있다. 어느 순간 모든 것이 망가져가는 것처럼 보였던 것들도 결국에는 좋은 방향으로 만들 수 있다는 믿음이 생겼다. 설혹, 좋은 방향이 아니란 생각이 들어도 멈추지 않고 나아간다면, 그 안에 숨어있는 즐거움을 찾는 내가 될 수 있을 거라는 확신이 생겼다. 그렇게 내 이름대로 Do Young하게 살아가야지.

보더의 집.

더 이상 탈 수 없는 보드로 신발장을 만든 친구,

반쪽 난 보드로 시계를 만들어 벽에 걸어둔 친구,

쓰지 않는 보드로 의자를 만든 친구,

화장실 조명을 스케이트보드로 휠 4개 부분을 전구로 바꿔둔 친구,

방 문고리를 보드 휠로 달아둔 친구,

자동차 기어 부분에 롱보드 휠을 달아둔 친구.

누가 보더 아니랄까봐, 나도 이렇게 꾸며봐야지.

PEOPLE

너와 나, 나라는 달라도 우린 진짜 친구

헤이그, 네덜란드

"네덜란드에서도 이곳은 엄청 시골이라, 아시아인이 이 동네를 찾은 건 도영 네
가 최초일 거야. 한국에 사니까 당연히 못 올 거라 생각했는데, 직접 축하해주러
와줘서 고마워. 나 오늘 너무 행복해."

　내겐 외국인 친구가 꽤 있다. 여행한 지 채 한 달이 지나지 않아, 마
음이 맞는 친구들이 생겼다. 이제 한국이라는 한 나라에 사는 게 아니
라, 지구에 산다는 생각이 든다. 지구촌이라는 말이 괜히 있는 게 아니
다. 교과서에서나 볼 수 있는 게 아니라, 실제로 피부로 와닿는 단어가
되었다.
　기술의 발달로 인해 세계는 가까워졌지만, 외국인 친구가 있다는 건
여전히 놀라운 일이다. 그런데 단순히 친구가 아니라 유대감이 깊이 형
성된 친밀한 관계의 친구라면 더더욱 특별한 일이다.
　나는 보았다. 진짜 친구가 어떤 사이인지를. 종빈이와 알토(Arto)가 그
랬다. 2주간의 네덜란드 여행 중 절반을 난 종빈이, 알토와 함께 보냈

다. 이 둘을 지켜보며 친구 관계가 얼마나 멋있는지 느꼈다. 알토와 헤어지는 마지막 날, 영어가 약한 종빈이는 이런 말을 알토에게 전해달라고 내게 부탁했다.

"알토, 한 번 만나본 적 없이 페이스북 영상으로 스케잇 게임하면서 인연을 맺었잖아. 참 신기해. 그때부터 지구 건너편 서로의 집에 놀러다니고, 가족들을 소개시켜주다니. 우리 엄마가 알토 안부를 묻고 말이야. 앞으로도 이렇게 오래 서로를 응원하면서 지내면 좋겠다. 내가 영어를 잘 못하지만, 처음부터 잘 챙겨줘서 고마웠어. 꼭 한 번 말하고 싶었어."

알토는 이 말을 듣고 크게 기뻐하며 자기도 똑같다고 말했다. 상세한 의사소통은 내가 옆에서 도왔지만, 사실 이 둘은 말이 필요 없었다. 서로가 서로의 마음을 느끼는 것이 보였다. 단순히 언어가 아니라, 눈빛, 몸짓, 분위기만으로도 둘의 친밀함을 느낄 수 있었다. 친밀함이 절로 느껴지는 사이는 보는 것만으로 기분이 좋아지고, 부러웠다. 언어가 통하지 않아 외국인 친구를 사귈 수 없다는 말은 틀린 말이었다. 물론 언어를 잘 하면 말은 수월하게 통할 수 있으나, 마음이 통하는 건 별개의 문제였다. 같은 한국인이라도 모두 친하고, 마음이 통하는 건 아니지 않은가. 알토네 집에서 한 명만 잘 수 있다고 했을 때, 나는 무조건 종빈이가 알토와 함께 있어야 한다고 생각했다. 둘이 서로를 가장 편하게 여기는 만큼, 둘이 함께 내는 분위기는 그윽한 멋이 있었다.

둘을 보며, 나도 가까운 외국인 친구가 있다면 좋겠다고 생각했다. 마음이 통하는 지구 건너편의 친구라니. 생각만 해도 마음이 따뜻해진다. 이런 친구 사이는 잠깐 시간을 같이 보냈다고 해서 형성되는 것은 아닌 것 같다. 또한, 억지로 만들려고 해서 되는 것도 아닌 듯싶다. 그렇다고, 최소한의 노력도 안 하는 것 역시 문제가 될 터이다.

운이 좋았다고 해야 할까? 여행이 끝난 후 내게도 알토와 종빈이처럼 마음이 통하는 친구들이 생겼다. 그 중 스페인 친구 차노(Chano)는 내가 세계여행이 끝나는 타이밍을 맞춰 한국에 와서 제주도 여행을 함께하는 사이가 되었다. 차노는 제주도에서 다른 스페인 친구들이 있음에도 나와 가장 많은 시간과 대화를 나눌 만큼 유대감이 쌓였다. 술에 취해 아무도 일어나지 못하는 아침 차노와 난 따로 작은 브런치 카페에 갔다. 그때 차노가 말했다.

"도영, 엄마랑 가족들이 너 또 언제 스페인 오냐고 물어보더라. 건강히 잘 지내는지 확실히 보고 오랬어. 그때 참 좋았는데, 그렇지? 내가 말했지? 다음엔 우리 한국에서 보자고. 내가 한 말 지킨 거다! 한국 와서 너랑 이렇게 여행을 할 수 있다니 꿈만 같아. 너만 있으면 어디든 재밌어. 행복한데, 시간이 너무 빠르네. 우리 매년 어디서든 꼭 만나자."

차노가 여행을 끝내고 한국을 떠나는 날, 차노뿐만 아니라, 함께 온 스페인 친구들 모두가 울었다. 거친 장난을 치고, 남자다운 모습이 강한 이들이 헤어지기 싫어서 눈물을 보이는데, 그 자리에 있던 모두가 울컥했다. 홍대 한복판에서 벌어진 다 큰 남자들의 눈물 파티라니, 내 어찌 이들을 잊을 수 있을까.

알토가 종빈이와 어울리는 동안 나와 함께 했던 네덜란드 디니카 (Dineke)는 당시 사귀던 미국인 남자친구 제임스(James)와 이후 결혼을 하게 되었고, 난 운 좋게도, 그들의 결혼식이라는 큰 축복의 출발점에

함께 서서 박수 칠 수 있었다. 하루 종일 파티를 겸한 결혼식이 이어졌는데, 결코 잊지 못할 장면이 있다. 식순이 끝나고, 갑자기 디니카가 스피커를 만지자 진한 블루스 음악이 흘러나왔다. 축복하러 온 사람들에게 둘러싸인 디니카와 제임스. 그들은 사랑스러운 눈빛으로 마주본 채, 서로의 손을 잡고, 허리에 손을 올리며 부드럽게 춤을 추기 시작했다. 조명이 없었는데도, 그 둘이 움직이는 공간은 눈부셨다. 이보다 아름다울 수 있을까. 세상에서 가장 행복한 미소를 입가에 띤 채 영원할 것만 같던 춤은 아쉽게도 서서히 막을 내렸다. 이들 인생에서 가장 아름다운 순간에 내가 함께 할 수 있다는 사실이 믿기지 않았고, 감사했다. 사람들이 빠지기 시작하는 저녁 10시가 되어서야 디니카와 편하게 대화를 나눌 수 있었다.

"네덜란드에서도 이곳은 엄청 시골이라, 아시아인이 이 동네를 찾은 건 도영 네가 최초일 거야. 한국에 사니까 당연히 못 올 거라 생각했는데, 직접 축하해주러 와줘서 고마워. 나 오늘 너무 행복해."

이런 선물을 주는 여행이라니, 세상은 정말 축복으로 가득 차 있었다. 인연이라는 보이지 않는 끈은 지구 끝에서 끝까지 연결할 만큼 길고, 단단하다고 믿는다. 앞으로의 인생에서 아름다운 순간을 또 나누고 나눌 테니. 나라, 출신은 달라도 우리는 진정한 친구니까. 친구들아, 오늘도 그날처럼 행복한 미소를 짓길 바라. 사실, 나 지금 너희가 몹시도 그리워. 너희도 마찬가지니?

첫날. 알토네 집에 와서 짐을 정리하던 중, 알토가 식사하러 내려오라고 불렀다.

차려진 음식은 바로 김치찌개.

네덜란드 헤이그에서 김치를 담그는 외국인. 그가 바로 내 친구 알토다.

알토의 음식을 먹고 난 우리의 반응.

"너 여기 한인식당 차리면, 무조건 대박이야!"

"우리 엄마가 한 김치보다 맛있어!"

헤이그식 김치찌개. 세상에서 가장 맛있는 음식이었다.

Brother from another mother

베를린, 독일

처음에 느꼈던 베를린의 차가움이 따뜻함으로 변했다. 아후 크루는 내게 유럽을 가깝게 느끼게 만들었다. 어쩌면 나는 여행을 하며 코스모폴리탄이 되어 가는지도 모른다.

　밤늦게 베를린에 도착했다. 작년에도 그렇고, 베를린에 올 때마다 깜깜한 밤이었다. 그래서일까? 내겐 베를린이 차가운 도시로 느껴졌다. 서늘하고 다가가기 힘든 느낌을 주는 곳이어서 수많은 여행지 중에서 군이 가야 하나, 괜한 거부감이 들었다. 그럼에도 불구하고, 베를린에 다시 왔을 뿐 아니라 독일여행에서 가장 긴 시간을 베를린에서 보냈다. 여기엔 두 가지 분명한 이유가 있다.

　첫째, 평소 내가 유럽 롱보더 친구들의 영상 속에서 가장 가고 싶었던 장소 1순위로 꼽았던 템펠호프(Tempelhof feld)가 베를린에 있어서이다. 첫 유럽여행 때 비 오는 날씨 때문에 가지 못했던 그곳. 마샬(Marshall)과 모어(Mor)에게 다른 곳보다 템펠호프에 가장 먼저 데려다 달라고 부탁

했다. 함께 보드 타고 가면서 독일 특유의 크고 각진 건물들을 지나가며, 템펠호프도 거대하겠지? 라는 기대를 했다. 갑작스러웠다. 정말 생뚱맞게 건물로 둘러싸여 있다가 코너를 틀었는데, 녹색 철창문이 있었다. 철창이었으나, 지옥이 아닌 천국으로 향하는 문 같았다. 그곳을 넘자 넓은 지평선이 펼쳐졌으니 말이다. 이때의 감동을 잊을 수가 없다. 유럽의 햇빛이 눈부시게 내리쬐고, 양옆으론 푸른 잔디밭이 펼쳐지고, 끝을 알 수 없는 아스팔트가 이어졌다. 보드를 타고 끝까지 간다면 대체 얼마나 걸릴까? 끝이 있기는 한 걸까? 말문이 턱 하니 막혔다. 이곳에서 누군가는 애완견을 산책시키고, 자전거를 타고, 보드를 타고 있었다. 하늘을 올려다보니 연과 드론이 날고 있었다. 그곳에서는 시간이 여유롭게 흐르는 것 같았다. 우리는 보드를 타다가, 잔디에 앉아 맥주 한 캔 마시며 때론 붉게, 때론 핑크빛으로, 때론 오렌지색으로 저물어가는 석양을 바라보며 하루를 마무리 지었다.

"보더가 유럽여행을 한다면, 베를린은 꼭 와야지! 우린 템펠호프가 있잖아."

그들의 말에 나는 고개를 끄덕였다. 템펠호프가 다 돌아보기 힘들 정도로 넓은 이유는 예전에 베를린 공항이었기 때문이다. 혹시 상상해본 적 있는지? 길게 뻗은 활주로에서 롱보드를 타는 상상을. 들어가지도 못하겠지만, 운 좋게 들어가도 경비병이나 관리하는 사람에게 걸려 쫓겨날 게 뻔한 그런 장소. 비행기가 가속을 받아 하늘을 날기에 충분할 만큼의 질 좋은 아스팔트가 쭉 뻗어 있는 곳. 베를린이 빠르게 확장하는 바람에 공항을 다른 곳에 새로 짓고, 템펠호프 공항은 공원으로 이용하도록 남겨두었기 때문에 가능한 풍경이었다. 난 이곳에서 보드를 타기 위해 베를린에 와야 했다.

둘째, 템펠호프 하나만으로도 베를린에 올 이유가 충분하지만, 템펠호프라는 환상적인 스팟에 찰떡같이 어울리는 멋진 사람들이 모인, 아후 크루(Awhou Crew)가 있기 때문이다. 이들은 롱보드를 좋아하고, 영상을 찍어 남긴다. 그들의 열정을 세상에 멋지게 보여주는 크루이다. 오랜 시간을 함께 해오면서 롱보드뿐 아니라 일상을 공유하는 가족 같은 사이를 보여준다. 솔직히, 한국에서 내가 있는 크루가 이들 같다면 더할 나위 없겠단 생각을 자주 한다. 아후 중 한 명인 토비(Toebi)가 나와 같은 바슬보드 팀이었기에, 내게 아후를 소개시켜주었다. 이들은 매일 매일이 서로를 챙기는 시간이었다.

이를테면 이런 식이다. 잠들기 전 토비의 메시지가 띠링 하고 왔다.

'내일 우리 파티가 있어. 아후 펠릭스(Felix)가 의류브랜드를 런칭했는데, 올해 새로운 컬렉션이 나온 기념으로 옷도 팔 겸 파티할 건데 같이

가자. 우린 아후잖아.'

알고 보니, 아후 중 한 명이 대학생인데, 마날리소(Manaliso)란 의류 브랜드 사업을 작게 시작했다. 아후 멤버가 무언가 시작했다? 당연히 아후 모두가 기쁜 마음으로 의류 모델이 되어주고, 홍보용 영상을 제작해주고, SNS까지 돕는다. 파티는 독일답게 소시지를 굽고, 맥주를 같이 마시면서 진행됐다. 새로운 옷 컬렉션을 구경했고, 선물로 옷을 받았다. 파티가 끝나고 집에 갈 즈음 마샬이 말했다.

"도영, 내일은 필립 생일 파티가 있어. 여기 베를린에 붙어있는 작은 도시인데, 차 타고 갈 거니까 시간 맞춰 준비해줘. 같이 가야지. 우린 아후잖아."

모두 축하해줄 일이기에 당연히 가겠지만, 아후의 단합력에는 놀라지 않을 수가 없었다. 생일파티는 스케이트 파크 옆에서 열렸다. 필립이 어릴 때 가장 많이 놀았던 스케이트 파크라고 했다. 작은 동네라 동네 사람들이 서로를 잘 알았고, 아후 친구들도 속속들이 도착했다. 토비는 딸 로티(Lotti)를 데리고 왔는데, 시선강탈을 해버렸다. 아장아장 걷는 모습이 너무 귀여웠다. 생일파티의 주인공이 바뀔 뻔했지만, 사람들은 모두 필립의 생일을 축하했다. (사실 모두 필립에게 한마디 하고나선, 로티에게 다가와 더 많은 시간을 보냈다.) 파티가 끝나가며, 석양을 보고 있는 중에 모어가 말했다.

"내일은 노동자의 날이야. 우리는 노동자의 날이 축제나 다름없거든. 어느 거리를 가든 생기가 돌고 사람들로 바글바글해. 내일은 보드 타지 말고, 공원에서 일광욕이나 즐기자."

노동자의 날인 5월 1일은 베를린에서 큰 축제날이었다. 유럽은 기후 특성상 4월의 날씨가 종잡을 수 없다. 믿기 힘들게도 눈, 비, 바람, 해 등 시시각각 날씨가 변한다. 날씨가 안정을 찾는 5월이 되면서 비로소 다들 밖으로 나가 축제를 즐기는 것이다. 나는 모어커플, 막스커플, 볼프커플과 일광욕을 즐겼다. 모어는 기분이 좋았는지 뜨거운 태양 아래 맥주를 많이 마셨고, 이내 취해 버리고 말았다. 결국, 그날 모어커플은 끝까지 함께 하지 못했고, 저녁엔 남은 우리는 밴드가 공연하는 바에서 놀았다. 그 밴드 멤버 중 하나가 볼프였다.

이렇듯 베를린 여행에서 그동안 알아왔던 아후들과 진지한 이야기도 많이 나누면서 형제가 되었다. 성격 좋은 모어네 집에서 서로의 이야기를 나누는 시간은 행복했

고, 내가 멋있게 생각하는 볼프네 집에서 3일간 머물면서 그와 나눈 라이프스타일도 좋았다. 제프가 아후 패밀리 첫 번째 인터뷰 대상으로 날 뽑아서 인터뷰했던 것도 재미있었다. 막스와 하건이 보낸 지난 반 년 간의 서핑 여행도 자극이 되었다. 아후들 개개인뿐만 아니라, 그들의 여자친구 혹은 가족들을 만나는 시간 역시 기뻤다. 서로에게 녹아들어 큰 힘이 되어주는 로컬의 모습은 내가 꿈꾸던 크루의 모습이었다.

내가 떠나는 날, 인스타그램에 모어가 날 태그했다. 게시글에는 우리가 함께 있는 사진과 함께 한 줄의 글이 있었다.

'Brother from another mother.'

감동이었다. 모어의 게시글에 댓글을 달았다. 'Awhou' 난 이제 아후다. 멀리 떨어져 살지만, 우린 형제가 되었다. 언제고 베를린에 다시 한 번 찾아갈 것이다. 아쉬움이 남는 여행이어서, 충분히 놀지 못해서가 아니다. 내 형제들이 있는 곳이라 당연히 다음을 기약하는 것이다.

처음에 느꼈던 베를린의 차가움이 따뜻함으로 변했다. 아후 크루는 내게 유럽을 가깝게 느끼게 만들었다. 어쩌면 나는 여행을 하며 코스모폴리탄(세계인)이 되어 가는지도 모른다.

독일에 처음 도착해서 버스정류장에서 친구들을 기다리고 있었다.

보드를 타고 나타난 모어와 마샬은 가방에서 주섬주섬 무언가를 꺼냈다.

그것은 바로 맥주.

보자마자 맥주를 꺼내다니, 역시 독일인가?

오랜 시간이 지나서야 알게 되었다.

오랜만에 만나는 친구에게 맥주를 건네는 게 독일식 인사였다.

가족, 사랑이 가득한 눈맞춤

라이프치히, 독일

세바스찬은 보드 한 대라도 더 많이 만들어 팔기 위해 애쓰며 가족과 함께 하는 시간을 희생하기보다 10분, 한 시간이라도 더 함께 시간을 보내고 싶어 했고, 그 시간을 소중히 여겼다. 이것이 진정한 아버지의 힘이었다.

　네덜란드에서 굴리드(Guleed)와 지낼 때였다. 내가 스폰 받는 바슬보드(Bastl boards) 브랜드 샵 슈레더라이(Shreddrei)의 4주년 파티가 마침 독일을 여행할 시기에 있다는 걸 알았다. 인터넷에서 보았던 옛 사진이 떠올랐다. 내가 좋아하는 롱보더들이 다닥다닥 붙어서 행복한 미소를 지으며 찍은 사진. 멀리 떨어져있어서 매 주년 파티를 사진으로만 보며 부러워했는데, 이번엔 내가 그 사진 안에 들어갈 수 있다니. 더할 수 없이 좋은 기회였다. 더구나 바슬보드는 내겐 또 하나의 가족이니 이번 기회에 가족사진을 찍는 것이나 다름없었다.

　파티 이틀 전 밤늦게 도착한 라이프치히, 독일 바바리안답게 큰 덩치에 허리까지 내려오는 레게로 땋은 머리와 푸근한 미소의 세바스찬

(Sebastian)이 마중 나왔다. 세바스찬의 닉네임은 바슬이었고, 그가 만든 브랜드는 바슬보드가 되었다. 그를 만난 롱보더들은 대부분 이렇게 말했다.

"바슬은 덩치도 크고, 항상 느긋한 성격에 넉넉한 웃음을 지어서 그런지 아빠 같아."

이미지만으로도 아버지 같았는데, 이번 여행에서 만난 세바스찬은 진짜 아빠가 되어있었다. 그래서였을까? 더 푸근해진 그의 얼굴에 웃음이 가득했다. 아직 돌도 지나지 않은 그의 아들 베로(Bero)를 보니 나 역시 입이 귀에 걸렸다.

기대했던 슈레더라이 4주년 파티 당일, 잠에서 깬 나는 오른 무릎 쪽에 이상을 느꼈다. 뭐지? 통증이 살짝 왔다. 조금 지나면 괜찮아지겠지, 하며 파티에 갔다. 베를린, 독일 다른 지역, 오스트리아, 네덜란드 등에서 사람들이 찾아왔고, 이야기를 나누며 즐거운 시간을 보냈다. 그런데 무릎 통증이 커져갔다. 친구들은 스케잇 게임을 하는데 난 낄 수가 없었다.

다들 아파하는 나를 걱정했고, 어쩔 수 없이 집에 돌아가 휴식을 취하기로 했다. 양코(Janko)가 준 약을 바르고, 다음날은 나아지기를 소망했다. 내일은 같이 보드 타며 놀기로 했으므로.

그러나 새벽녘 무릎 통증은 점점 커져 다리를 1도 움직일 수 없었다. 무릎 쪽으로 신경만 써도 미치도록 아팠다. 무엇이 잘못된 걸까? 약이 잘못된 걸까? 내가 잘못된 걸까? 도저히 참을 수가 없어 진통제를 찾아야 했다. 가방 안에 있는 진통제를 꺼내려 몸을 조금씩 움직이는데 통증으로 몸부림을 쳤다. 2미터도 안 되는 거리를 움직이는 데 30분이 넘

게 걸려서야 약을 손에 넣었다. 다행히도, 약 기운이 돌기 시작했고, 새
벽 6시가 넘어서야 간신히 잠들 수 있었다. 결국, 3일을 예정했던 라이
프치히에서 7일을 요양한 후에야 떠날 수 있었다.

휴식을 취하며 희한하게도 나는 행운아라는 생각이 들었다. 독일까
지 여행 와서 왜 이렇게 아픈지에 대해 불평하기보다는 여행을 시작한
이후로 내가 얼마나 축복받고, 운이 좋은 사람인지를 깨닫게 되었다. 이
렇게 아플 때, 내가 있는 장소가 라이프치히라니, 다른 도시였다면 얼
마나 힘들었을까? 바슬은 부모님처럼 나를 챙겨줬다. 내게 아프지 말라

고, 나을 때까지 푹 쉬라고만 했다. 오히려, 남은 여행을 생각해서라도 이 시점에서 충분한 휴식을 취하는 게 좋을 거라고. 다른 곳에서 아팠다면, 도움을 제대로 주지 못해 안타까운 마음이 들었을 거라고 말하는 그에게서 선함이 묻어 나왔다.

우리는 불완전한 인간이기 때문에 정말 소중한 것이 무엇인지를 종종 잊곤 한다. 그래서 때로 아픈지도 모른다. 아프고 나서야 비로소 소중한 것, 정말 중요한 것이 무엇인지를 깨닫게 되기 때문이다.

나는 무릎통증으로 누워 지내며 가족에 대해 생각할 시간을 가졌다. 세바스찬과 레기나(Regina 세바스찬의 여자친구), 그들의 사랑스러운 아들 베로가 함께 웃으며 지내는 것을 보니 가족, 가정이란 단어가 머리에 떠올랐다. 이 커플은 베로가 세상에 나오면서 더 큰 행복을 만나게 되었다고 말한다. 베로를 통해 또 하나의 세상이 열린 것이다. 세바스찬과 레기나가 베로에게 보내는 사랑 가득한 눈맞춤은 따스한 봄을 맞이하며 막 피어나는 순간의 꽃만큼이나 생기가 넘쳤다.

우리 부모님도 그러지 않았을까? 내가 막 세상에 나왔을 때, 아직 걷지도 못할 때, 나를 보며 행복했을 것이다. 건강하게만 자라다오, 라고 생각하셨을 것이다. 아픈 와중에도, 바슬 가족처럼 따뜻한 사랑과 관심을 주셨을 젊은 시절의 부모님이 그려져, 내 입가에도 미소가 그려졌다.

나는 세바스찬 가족을 보며 행복한 가족이 어떤 가족인지에 대한 힌트를 얻었다. 그것은 아주 간단했다. 사랑하는 가족이 늘 함께 있고, 함께 있으려 하는 것이다. 세바스찬은 보드 한 대라도 더 많이 만들어 팔기 위해 애쓰며 가족과 함께 하는 시간을 희생하기보다 10분, 한 시간이라도 더 함께 시간을 보내고 싶어 했고, 그 시간을 소중히 여겼다. 일

Bero

을 대충 한다는 말이 아니다. 레기나와 베로와 함께 하는 시간을 늘리기 위해, 더 집중해서 일을 하고, 가족을 위한 시간을 확보하려 노력했다. 전보다 일하는 시간은 줄었어도, 결과물은 더 좋았다. 이것이 진정한 아버지의 힘이었다.

달력에 보면 '가족의 날'이 하루 정해져있다. 일 년 365일 중에 단 하루가 가족의 날이라 생각하면 슬프다. 중요한 건 매일 매일을 가족의 날로 만드는 게 아닐까? 세바스찬과 레기나처럼.

남은 긴 여행, 잘 해내자. 내 몸은 나 혼자만의 것이 아니란 것을 확인했으니. 여행이 끝나고 집에 돌아가 가족을 힘껏 껴안고 싶다. 바슬 가족처럼. 오랜만에 가족이 모여 도란도란 그동안의 이야기를 나누고 싶다. 여행하며 오래 떨어져있던 만큼, 더 애틋한 시간이 기다리고 있다. 여행도 좋지만, 어서 빨리 돌아가서 일상의 즐거움과 슬픔을 눈앞에서 이야기하며 나누고 싶다.

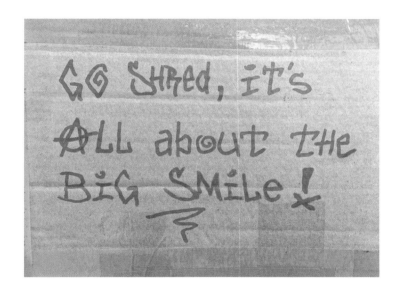

"Go shred. It's all about the big smile."
(그냥 보드 타러 가. 그럼 많이 웃게 될 거야.)

– 세바스찬, 독일

에두의 베스트 프렌드는 아빠

상파울로, 브라질

아들은 아버지에게 거창한 것을 바라지 않는다. 단지 따뜻한 말 한마디, 어깨를 두드려주는 손길, 아버지와 나누는 술 한 잔….

브라질에서 만난 에두아르도(Eduardo)는 천진난만한 친구였다. 내가 브라질에 여행 온다는 걸 알고서는 끊임없이 연락을 했다. 상파울로에 사는 에두는 내가 브라질에 도착한 다음날 일주일을 기다리지 못하고 리우에 찾아왔다. 상파울로에서 만나기로 했는데, 참지 못하고 7시간이나 걸려 버스 타고 온 것이다.

"에두, 여기까지 와줘서 고마운데, 리우에선 여기 사람들하고 추억을 쌓고 싶어. 너하곤 상파울로에서 많은 시간 보낼 수 있으니까, 이해해줄 수 있지?"

"그럼! 보드 탈 때만 말해줘. 그리로 가서 같이 타기만 할게. 그리고 상파울로 갈 때 같이 가자."

"완전 좋지! 고마워."

스팟에서 만난 에두는 보드 열정을 넘어 욕심이 많은 친구였다. 이제 막 성인이 되는 어린 나이니만큼 승부욕이 컸다. 롱보드씬에서 유명한 보더가 되고 싶다 했는데, 저런 욕심이면 충분히 될 수 있을 거라는 생각이 들었다. 욕심도 때론 긍정적인 에너지로 전환되니까.

리우에서 보내는 마지막 날, 상파울로로 떠나기 위해 에두가 말한 주소로 짐을 챙겨 갔다. 도착해보니 에두의 어머니 집이었다. 에두의 부모님은 이혼했고, 리우에 놀러올 때면, 어머니네 집에서 지내는 거였다. 상파울로에 넘어가기 전에 마지막 식사를 챙겨주고, 따뜻한 말을 건네는 엄마에게 에두는 영락없이 칭얼대는 어린아이였다. 버스 타는 곳까지 데려다주실 땐, 우리 엄마는 너무 극성이라며 투덜대는 모습이 귀엽게 느껴졌다. 그렇게 버스로 7시간 걸려 상파울로에 도착했다.

버스터미널에 에두의 아버지가 마중 나와 있었다. 처음 뵌 에두 아버지는 건장한 체격을 가진 전형적인 남미 남자였다. 마른 체격의 에두와는 딴판이었다. 털털한 성격의 에두 아버지는 먼저 에두를 끌어안고, 머리를 세게 쓰다듬으셨다. 그리고는 내게도 반갑게 웃으며 인사를 하셨다. 상파울로의 첫 인상은 내게 부드럽고 다정한, 그러나 강한 남자로 각인되었다.

상파울로의 아침은 창가를 통해 비치는 햇빛과 함께, 에두 아버지의 우렁찬 소리로 시작되었다.

"에두! 방학이라고, 언제까지 잠들 참이냐! 어서 안 일어나!!"

당연하게도(?) 에두는 일어나지 않는 반항을 저질렀고, 몇 초 뒤 에두의 비명소리를 들을 수 있었다.

"아빠, 일어나면 되잖아요. 아파!"

간신히 일어난 에두와 함께 거실로 나가면, 에두 아버지가 차려주는 음식 냄새에 허기가 느껴졌다. 맛있는 식사를 하면서, 오늘 하루 무엇을 할지 이야기를 나누곤 했다. 에두 아버지는 출근하며 에두의 어깨를 두드려주었다. 그 손은 마치 오늘 하루도 잘 보내리라는 믿음의 몸짓 같았다.

하루일과가 끝난 저녁 시간, 우리는 아침을 먹었던 테이블에 앉아 오순도순 이야기를 나누었다. 간단한 야식과 함께 맥주를 꺼내 마셨다. 때론 와인을 마시기도 했다. 에두는 아버지를 친구같이 여기며, 내기를 걸기도 했다.

"아빠, 내가 요즘 연습하는 트릭 알지? 그거 조만간 될 것 같아. 감 왔어."

"그 이야기 자주 듣는다? 조만간이 대체 언제인 건데?"

"뭐야. 아빠가 아들을 못 믿어? 내기 할까? 일주일 안에 내가 해내면, 내년에 나 유럽여행 보내줘."

"얼씨구? 내기가 걸려야 하나? 하지 마. 하지 마."

"아니, 어차피 나 내년에 성인되는데 선물 크게 해준다며? 그걸 유럽여행으로 해 달라 이거지!"

주말이 되면, 에두 아버지 차를 타고, 이비라푸에라 공원이나 이피랑가 공원 등 넓은 곳으로 나들이를 갔다. 서핑보드 같이 거대한 클래식 보드를 맨발로 타고 다니는 이들도 있었고, 롤러를 타는 사람, 잔디에 앉아 휴식을 취하는 사람 등 저마다 행복한 시간을 즐기고 있었다. 우리는 롱보드를 실컷 탔다. 에두 아버지는 사진과 영상을 몇 번 찍어주더니, 우리끼리 놀라고 혼자 산책을 가기도 했다.

늘 티격태격하지만 서로 아끼는 모습을 보면서 나는 진심으로 부러웠다. 에두 아버지는 내가 바라던 아버지의 모습에 가까웠다. 아들에게 아버지는 보스나 CEO, 사장이 아니다. 아들은 아버지에게 거창한 것을 바라지 않는다. 단지 따뜻한 말 한마디, 어깨를 두드려주는 손길, 아버지와 나누는 술 한 잔···. 아버지들 또한 마찬가지일 테다. 다만 모든 아버지 역시 처음 아버지의 삶을 경험하기에 그 방법을 모를 뿐이다. 특히 우리나라의 아버지들은 그 역할에 서툰 것 같다. 자신의 아버지에게 그렇게 배웠고, 아버지 또한 그렇게 살아왔으므로.

나도 마찬가지다. 아버지와 따뜻한 말을 주고받고, 포옹하고, 술 한 잔 나누고 싶지만, 잘 되지 않는다. 내겐 세상에서 가장 어려운 일이다. 난 어릴 때부터 아버지와 틀어졌다. 아버지에 대한 가장 오래된 기억을 뒤적이면, 술심부름으로 시작된다. 아버지는 사업 실패로 인한 고통을 가정폭력으로 풀었다. 우리 삼형제는 어릴 때부터 엄마를 지키는 일이 태어난 이유라 믿었다. 우리 형제들이 엄마 앞을 지킬 땐, 엄마를 덜 때리는 것을 다행으로 여겨야 했을까? 때문에 작은 몸으로 누구보다 빠르게 술을 사와야 했다. 엄마가 한 대라도 덜 맞게 하기 위해.

불행인지 다행인지 내가 20대 초반일 때 아버지는 뇌경색으로 쓰러지셨다. 24시간 간호가 필요해 형제들이 돌아가며 고생했지만, 한편으론 엄마가 당하는 고통이 줄어서 내심 안도했다. 아직까지도 합병증으로 고생하시는 아버지는 술을 찾는다. 간혹 소주 한 병 사다 달라고 하지만, 난 거절한다. 마음 약한 엄마가 결국 사다드릴 것을 알면서도 말이다.

점점 나도 어른이 되어가는 것일까? 시간이 흐르며 아버지에 대한 미

운 감정이 '오죽 힘들었으면 그렇게 행동해왔을까?'라는 안쓰러움으로
바뀌고, 아버지를 조금씩 이해하게 되었다. 그러던 어느 날 『거울의 법
칙』이란 책을 만나게 되었다. 책속에서 자식을 키우느라 힘들어하는 어
머니가 상담을 받는데, 의사가 이런 말을 한다.

'아버지를 용서하는 일은 다름이 아니라, 부인 자신의 자유를 위해서
용서하는 겁니다.'

그리고 아버지를 용서하는 장면이 나오는데, 나는 이 부분에서 왈칵
눈물을 쏟고 말았다.

책을 읽은 후 결심했다. 아버지를 용서하기로. 아니, 용서를 시작하기
로. 세상에서 가장 용서할 수 없는 사람으로 꼽았던 아버지에게 그동안
아버지에게 느꼈던 감정, 그럼에도 감사할 수 있는 일들, 죄송한 마음을

털어놓고, 용서한다는 글을 썼다. 그리고는 아버지를 앞에 두고 읽으면서 내 생각을 울며 토해냈다. 아버지 역시 눈물을 흘렸다. 회한의 눈물이었을까. 아버지도 나와 비슷한 감정을 느꼈을까. 흐르는 눈물에 그간 쌓아둔 감정이 함께 흘러내려가기만을 바랐다.

에두와 에두 아버지를 보며, 그동안 외면해온 아버지와의 관계를 다시 돌아보게 되었다.

아버지 때문에 절대 입에 대지도 않으려던 소주. 아버지가 그토록 함께 한 잔 하길 원했던 소주.

여지껏 거절해왔지만, 이 또한 풀어야 할 숙제인 것 같다.

이미 늦었지만, 더 늦기 전에. 첫 용서를 향해 냈던 용기를 다시 한 번 더.

우리 조금만 더 따뜻해져요, 아버지. 사랑합니다.

술 한 잔 해요.

밤하늘의 별, 나의 별, 엄마

상파울로, 브라질

내가 그 어떤 힘든 일이라도 꿋꿋이 견디어내며 살아가는 이유는 바로 세상에서 가장 착한 '우리 엄마' 때문입니다.

　상파울로에서 리우로 가는 버스에 올라탔다. 창가에 자리를 잡았다. 7시간이나 걸리는 거리였지만, 아름다운 자연이 펼쳐진 브라질 풍경에 녹아들었다. 멍하니 창밖을 바라보았다. 그간의 여행이 풍경에 덧대어 눈앞에 그려졌다.

　어느덧 여행을 시작한 지 만 5개월, 많은 곳을 돌아다녔다. 나를 환영해주는 좋은 친구들을 사귀었다. 그들과 함께 맛있는 음식을 먹었다. 특히 어디서나 함께 먹을 수 있는 아싸이는 죽을 때까지 옆에 두고 먹고 싶은 음식이다. 그들과 다양한 생각을 나누고, 속 깊은 이야기를 나누었다. 자신이 사는 동네를 특별하게 생각지 않았기에 둘러보지 않았던 곳들을 나와 함께 여행하며 그들도 행복해했다. 하루하루가 감동으로 물들고, 한 도시를 떠날 때마다 추억이 쌓였다. 내 마음에 깊이 쌓이는 추억의 무게만큼 친구들과 헤어질 때는 그리움으로 먹먹해졌다. 먹먹함과 함께, 느릿하게 저물어가는 해가 눈에 박혔다.

누구나 가끔 울적한 감성이 찾아들 때가 있는데, 내겐 이 순간이 그랬다. 석양의 아름다운 모습이 순간 이상하게도 쓸쓸하게만 느껴졌다. 여행이 주는 감성은 선물이라 생각하면서도, 쓸쓸한 기분이 싫어서, 외로움이 깊어져서, 잠시 눈을 감고 잠을 청했다. 잠에서 깨어나면 리우에 도착해있기를 바랐다. 움직이기 시작하면 울적한 기분을 떨칠 것 같았다.

하지만 잠에서 깬 내 눈에 보인 것은 종착점이 아니었다. 버스는 여전히 달리고 있었다. 창문을 통해 내 눈을 가득 채운 것은 밤하늘이었다. 그것도 별들로 가득 찬 밤하늘. 별똥별까지 떨어지는, 설레는 광경이었다. 반짝이는 별들과 박자를 맞추듯 마음이 울렁거렸다.

별을 생각하면 첫 번째로 떠오르는 기억이 있다. 필리핀 한 작은 섬에서 본 밤하늘의 별을 아직까지도 인생 최고의 풍경으로 꼽는다. 숙소가 아닌, 해변가 선베드를 바다 최대한 가까이 옮겨놓고 잤던 시간. 하늘 가득한 별, 별똥별들이 전하는 위로. 밤바다에 비친 별빛들. 하늘과 땅 모두를 뒤덮은 별. 잠시 모든 것을 내려놓아도 괜찮다는 메시지를 별들에게서 받았다.

그러나 오늘 밤하늘의 별은 달랐다. 아니, 풍경은 비슷할지라도 가슴에 전해지는 느낌이 확연히 달랐다. 윤동주의 「별 헤는 밤」이란 시가 떠올랐다.

별 하나에 추억과
별 하나에 사랑과

울컥했다. 잠시 느꼈던 차분함, 고요함은 폭풍전야였다. 오늘의 밤하늘엔 사랑하는 엄마의 얼굴이 그려졌다. 죄송한 마음이 가득 차올랐다. 세계여행을 하면서 너무나도 잘 지내고 있어서. 많은 외국친구들에게 환영받고, 그동안 경험해보지 못한 즐거움을 실컷 누렸다. 분명히 말할 수 있다. 난 롱보드라는 취미를 즐기면서, 여행을 하면서 축복받은 사람이었다. 여행하면서 만나는 친구들에게 난 운이 좋은 사람이란 말을 몇 번이나 했는지 모르겠다. 내 인스타그램을 팔로우하는 사람도 만 명이 넘었다.

나는 이렇게 즐겁게 살아가는데, 우리 엄마가 밤하늘에 별과 함께 보였다. 아니, 엄마가 별자리가 되었다. 또다시 울컥한다. 죄송한 마음에 눈물이 가득 차오르더니, 이내 주체하지 못할 만큼 쏟아졌다. 속으로 '엄마'를 불렀다. 이 세상 그 누구보다 착한 사람. 힘든 삶을 묵묵히 견디며 값진 사랑을 우리에게 베풀어준 엄마. 이런 엄마에게 왜 난 잘해주지 못하는 걸까? 한심했다. 엄마와의 대화가 떠올랐다.

"도영아, 널 보면 기뻐. 어릴 때부터 그랬어. 착해가지고 엄마 말을 엄청 잘 들었어. 위험한데? 이러면 도영이 넌 하다가도 금방 멈췄어. 보이지 않는 끈으로 엄마와 연결된 것 같았어. 네가 태어난 것만으로 내게 행복이었어. 도영이가 있다는 사실 그 자체만으로 위안이 됐어. 아빠가 무슨 짓을 하더라도 도영이, 아들이 있어서 엄마는 살았어. 네가 없었으면 난 언제 죽었어도 이상하지 않았을 거야."

엄마와 함께, 동생들과 함께 겪어온 시간들이 떠오르며 눈물이 멈추지 않았다. 우리에게 바라는 것 하나 없이 사랑만 가득한 엄마의 마음이 느껴지는 순간 난 고맙고, 또 고마웠다.

어느 날 갑자기 궁금한 게 생겨 물었다.

"엄마 인생에서 가장 잘했다고 생각하는 일은 뭐고, 가장 후회되는 일은 또 뭐야?"

"가장 잘했다고 생각하는 일은, 도영이 낳은 거! 후회되는 것은 없어. 아빠도 잘 만난 거야. 그래도 너희들 아빠잖아."

지구 반대편, 브라질의 밤하늘은 내게 엄마와의 기억을 떠올리고 눈물짓게 했다. 난 평소에 엄마랑 대화를 많이 나누는 편이다. 내 나이에 엄마는 어떤 생각을 하고, 무엇을 했는지 궁금해서 묻고, 대답을 듣곤 한다. 엄마 인생을 듣다 보면, 억울하고, 울화가 치미는 일들이 한둘이 아니다. 세상의 온갖 불행이 엄마한테 몰린 것 같아 너무 슬프다. 그런데 엄마는 후회되는 일이 없다고 말한다. 나 같으면 모든 게 후회된다고 말할 텐데. 엄마와 우릴 괴롭힌 아버지마저 이해한다고 말한다. 나 같으면 세상에서 가장 용서할 수 없는 사람이라 말할 텐데.

엄마가 내게 보여주는 메시지가 무엇인지 알 것 같다. 그것은 바로, 살아가는 건 견디지 못할 만큼 큰 아픔을 진득이 견디어 내는 것이고, 사소한 기쁨도 큰 행복으로 맞이하라는 것이다.

엄마의 삶으로 증명해내었기에, 나 역시 엄마를 따라갈 뿐이다. 인생 최대의 메시지를 건네준 엄마, 가늠할 수 없이 깊은 사랑을 준 엄마에게 나는 부끄럽지 않은 아들이 되고 싶다.

엄마는 한낮의 태양이면서 동시에 밤하늘의 별이다. 시간과 장소를 초월해 내 곁에 머무는 존재이기 때문이다. 사랑해, 엄마. 내가 더 잘할게. 오래오래 행복하자.

LIFE

마리아의 열정 『Spin』

빌레펠트, 독일

열정이 생기는 가장 쉬운 방법을 깨달았다. 그것은 바로 열정적인 사람들과 어울리는 것이다. 더 좋은 방법은 내가 열정적이 되어 다른 이들을 열정으로 물들이는 것이다. 마리아는 자신이 살아가는 방식으로 내게 질문을 던진 셈이다.

퀼른 여행 중, 줄리아(Guilia)와 친한 마리아(Maria)는 줄리아에게 연락을 해서 빌레펠트도 찾아오라고 거듭 말했다. 다음 여행지인 오스나브뤼크에서 한 시간 거리밖에 안되니 가는 길에 꼭 들러 달라 말했다. 네덜란드 에인트호번 대회에서도 초대를 받았다. 차가워보이는 첫인상 때문에 꺼려졌던 게 사실이지만, 여러 번 초대받은 터라 망설이면서도 찾아가기로 결심했다.

마리아 집에 도착해 방으로 올라가는 계단에서부터 마리아가 얼마나 보드만 생각하는지를 알 수 있었다. 포토그래퍼인 마리아는 계단, 벽, 가구 등 온통 자신이 찍은 보더들 사진으로 잔뜩 꾸몄다. 집 전체가 롱보드 전시전이나 다름없었다. 이게 진정한 보더의 집인가? 짐을 풀면서 나도 여행이 끝난 후 집에 돌아가면 사진으로 꾸며야겠다는 마음이 생겼다. 방을 둘러보다 책장에서 마리아가 만든 『Spin』 잡지를 발견했다. 아직 발행은 안 했지만, 이미 모든 형태를 갖춘 잡지였다. 우리나라와는 다르게 독일에는 롱보드 잡지가 많았다. 스케이트보드 샵에 들어가도 몇 종류의 잡지를 볼 수 있었다. 마리아는 특별히 여성 롱보더들을 위한 잡지를 만들었는데, 큰 행사들, 기본 정보, 트릭 팁 노하우, 유명 여성 롱보더들의 인터뷰 등이 실려 있었다. 다행히 독일어가 아닌 영어였다.

한국에 있을 때, 하루 2시간씩은 꼭 책을 읽던 내가 여행을 떠나 책을 못 읽어 답답했던 탓인가? 아니면 내가 좋아하는 글과 롱보드가 함께 섞여있는 매체여서였을까? 한 번 읽기 시작한 나는 멈출 수가 없었다. 한국 여성 롱보더들(효주, 솔비)의 인터뷰를 도왔었는데, 결과물을 보니 신기했다. 내가 알고 있는 롱보더들의 인터뷰 글을 보니 재밌었다. 삶에 재미라는 가치가 더해져 더 빛나는 이들의 모습을 보니 읽는 나조차 행복해졌다. 아직 수정할 게 있다며 발행하지 않은 게 아쉬웠다. 마리아에게 발행되면 꼭 한 권 사겠다고 말했다.

마리아를 보면서 느끼는 게 있었다. 보드를 즐기는 가장 기본적인 방법은 보드를 타는 것이다. 보드를 한 번이라도 타본 사람은 느낄 것이다. 보드를 탄다는 게 얼마나 재미있는지. 실력이 뛰어나지 않아도, 많은 기술을 하지 않아도, 그저 가볍게 타는 것만으로도 재미를 준다. 나도, 내 주변 사람들도, 마리아도 마찬가지로 보드 타는 것을 즐긴다. 보더들과 어울리면, 잘 타는 사람이 눈에 들어오지만, 꼭 잘 타야 하는 건 아니다. 초보 때는 초보의 재미가 있는 것이고, 잘 타면 또 그 재미가 있기 때문이다. 어떤 재미가 더 크다, 라고 말하긴 힘들다. 어쩌면 초보 때가 가장 신선하고 재밌을지도 모른다. 각자 즐기는 방식이 다를 뿐이지 모두 다 재미있기에. 무엇보다 가장 큰 목적은 즐기는 것이기에.

그리고 나의 즐거움이 혼자만의 즐거움에서 멈추는 게 아니라, 다 같이 함께 즐길 수 있다면 더 좋을 것 같다. 내 즐거움이 사회적인 의미까지 가질 수 있다면 더 좋을 텐데. 그리고 그 즐거움이 꼭 보드를 타는 게 아니어도 좋다. 모두가 열정적으로 보드를 탈 필요는 없다. 오히려 열정적으로 보드만 탄다면, 경쟁이 과열되고 삭막해질지도 모른다. 롱보드는 어떤 식으로든 즐기는 것만으로 충분하다. 게다가 각자 자신이 가진 장점을 활용한다면, 분명 색다른 즐거움을 만들어낼 수 있다.

마리아는 사진을 좋아하고, 그래픽 관련 공부를 한다. 여자 보더로서 느낀 점을 더해 잡지를 만들 생각을 했다. 롱보드를 시작하는 여자들에게 도움이 되고 싶다며. 나 역시, 롱보드 댄싱을 하는 사람들에게 함께 즐겁게 타고, 댄싱씬을 키우기 위해 '롱보드 댄싱 랩'이라는 페이스북 그룹을 만들었다. 당시 비록 소수지만, 같은 장르를 즐기는 사람들에게 함께 할 수 있는 콘텐츠들을 만들었다. 각자 다른 도시에 살지만, 연말에 모여 한 해를 정리하는 롱보드 댄싱 파티를 열기도 했다. 힘들기도 했지만, 보드를 시작하고 가장 뿌듯한 순간이었다.

마리아의 책장에서 또 한 권의 사진첩을 발견했다. 몇 년 전 유럽의 한 사진 좋아하는 보더가 함께 보드를 즐겼던 사람들을 찍어 만들었다. 사진첩을 보면서 내가 아는 롱보더들의 과거 사진이 한가득 담겨있어서 재미있었다. 이런 사진첩은 함께 아는 지인들끼리의 추억을 남기는 데 정말 좋은 것 같다. 보드 기술을 하는 사진은 잡지나 인터넷 서핑을 통해 볼 수 있으니, 그런 사진 말고 친구들의 얼굴만을 담았는

데, 모두가 선하게 웃고 있었다. 보드가 아니라 사람에 포커스를 맞춘 것이다. 보드를 좋아하는 사람들이 만들어내는 다양한 즐거움이 난 좋다. 눈부신 열정으로 가득 찬 이들과 함께 할수록, 나 역시 열정이 생기는 기분이다.

열정이 생기는 가장 쉬운 방법을 깨달았다. 그것은 바로 열정적인 사람들과 어울리는 것이다. 더 좋은 방법은 내가 열정적이 되어 다른 이들을 열정으로 물들이는 것이다. 마리아는 자신이 살아가는 방식으로 내게 질문을 던진 셈이다. 나는 어떤 사람인가? 열정적인 사람인가? 혹은 타인의 열정을 식히는 그런 사람인가? 어떤 사람이 되고 싶은가?

답은 정해져있다고 가볍게 말할 게 아니라, 진지하게 생각해볼 필요가 있다. 나도, 그리고 당신도. 어쩌면 그리 어렵지 않을지도 모른다.

꼭 한국에서 살아야 해? 편견 아냐?

바르셀로나, 카탈루냐

"우리가 꼭 태어난 나라에서 살아야 하는 건 아니잖아. 자신한테 잘 맞는 나라나 도시가 있다면, 그쪽에서 사는 것도 좋아."

　유럽여행을 해본 사람이라면, 누구나 추천하는 도시 중 하나가 바르셀로나이다. 일주일 정도 머물러도 지루할 수가 없는 도시, 바르셀로나에서는 다양한 건축예술을 볼 수도 있고, 바르셀로네타 해변을 즐길 수도 있다. 특히 보드를 타는 사람이라면 수많은 스케이터들이 타는 유명한 스팟을 찾아가볼 수도 있고, 롱보드로 도시 전체를 크루징으로 돌아다니기에도 길이 너무나 잘 되어있다. 도시 전체 바닥이 다 좋다. 어느 누구라도 만족할 만한 여행지이다.

　스페인 첫 여행 일정으로 잡았던 타리파 'Dance with me'라는 행사에서 친해진 마르코스(Marcos)한테서 페이스북 메시지가 왔다. 바르셀로나에 올 거면 그의 집에서 지내라고 초대를 해주었다. 바르셀로나 여행을 하고 싶었기에 들뜬 마음으로 마지막 스페인 여행지를 바르셀로

나로 정한 터였다. 게다가 마르코스는 유명한 바르셀로네타 해변 근처에서 살고 있었으니 더할나위 없었다. 그가 내게 말했다.

"바르셀로나 여행하는 동안 재밌게 지내보자! 난 일식집에서 일하는데, 그 시간엔 빅터(Victor)랑 같이 돌아다니면 될 거야. 나 일 끝나면 같이 보드 타고 놀자."

이렇게 해서 나의 바르셀로나 기억들은 마르코스, 빅터에 대한 것으로 가득하게 되었다. 날마다 고정관념을 깨는 대화들이 넘쳤다. 마르코스는 지금은 바르셀로나에 살고 있지만, 스페인 사람이 아니었다. 브라질 출신이었다. 그는 고등학교를 졸업하자마자 아르바이트를 해서 돈을 모았다. 목적은 브라질을 떠나는 것이었다. 그렇게 비행기 티켓 값을 벌자마자 바르셀로나로 넘어왔다. 그 후 7년 정도 바르셀로나에 정착해서 살고 있고, 최근이 되어서야 시민권을 받았다. 그 과정이 순탄치 않았다고 한숨을 내쉬며 이야기했다.

"도영! 너 세계여행하고 있는데, 단순히 여행에서 끝낼 거야? 아니면 돌아다니면서 네가 살 나라를 찾고 있는 거야?"

"난 세계 곳곳을 여행하다가 당연히 한국으로 돌아가지. 살 나라를 찾는다는 생각으로 여행을 한 건 아니었는데?"

"그래? 한 번 생각해봐. 우리가 꼭 태어난 나라에서 살아야 하는 건 아니잖아. 자신한테 잘 맞는 나라나 도시가 있다면, 그쪽에서 사는 것도 좋아."

"널 보니 그런 것도 같네. 마르코스, 넌 바르셀로나에 사는 게 좋아? 부모님도 못 보잖아."

"물론 부모님을 못 뵙는 건 안 좋지. 하지만 난 이곳에서의 생활에 만

족하고 있어. 브라질에 있었으면 이런 수준의 삶을 살지 못해. 가난한 나라거든. 특히 기반도 없었고 말이야. 일식집에서 일하면서 내가 생활할 돈은 충분히 벌고 있어. 여긴 팁도 잘 준다고. 내가 좋아하는 보드타기에도 이 도시는 최적이야. 많은 사람들이 여행 오고 싶어 하는 곳에 살고 있잖아. 난 만족해. 너도 여행 다니면서 진지하게 생각해봐."

머리로는 알고 있었다. 이민을 가는 사람들의 이야기가 종종 들리고, 주변에 호주에 워킹홀리데이를 갔다가 현지 삶이 만족스러워 시민권을 기다리는 사람들도 있다. 하지만 나는 다른 세상 이야기로 생각했다. 한 귀로 듣고, 한 귀로 흘렸달까? 마르코스가 진지하게 생각해보라는 말을 던지기 전까진 말이다. 브라질에서 태어나, 청소년기까지 겪고, 유럽으로 넘어와 바르셀로나에 정착해서, 일식 레스토랑에서 일하는 온 세계가 한 몸에 담긴 이 친구를 만나니 현실성 가득한 이야기가 되어버렸다.

독일에서 만난 모어 생각이 났다. 이스라엘에서 태어나고 자란 모어는 독일 베를린으로 넘어와서 산다. 목수 일을 배우고 있는데, 다 배우고 나면 스페인이나 다른 나라로 넘어가서 살겠다고 했다. 어느 한 군데에서만 살 필요 없다고 하면서, 이왕 태어난 것, 더 넓은 세상을 경험하고자 했다. 그들은 자신의 세계를 한정짓지 않고, 용기 있게 살아가고 있었다.

친구들의 삶의 방식이 틀린 것은 아니다. 조금 다를 뿐이다. 자신에게 맞는 라이프스타일을 찾으려는 노력이고, 좀 더 행복한 삶을 누리고자 하는 지극히 당연한 행동이다. 그것은 또한 시대가 준 선물을 잘 활용하는 모습인 것 같다. 이 시대가 아니었다면, 이들처럼 해외로 넘어가서 사는 것은 생각지도 못했을 것이다. 항공기술이 실용화된 지 100년이 채 되지 않았으니 말이다. 솔직히 내가 세계여행을 하는 것조차 꿈같은 이야기였는데 현실로 이루어냈으니, 언젠가는 나도 한국이 아닌 다른 나라에서 살게 될지도 모를 일이다.

마르코스와의 대화에서 죽을 때까지 태어난 나라에서 사는 게 당연하다는 고정관념이 깨졌다면, 빅터와 대화를 하면서는 내가 그의 고정관념을 깨뜨리기도 했다.

"도영, 부럽다. 여기저기 브랜드에서 스폰 받고 있지?"

"응. 받지. 너도 루카에서 스폰 받잖아. 왜 부러운 듯한 말투야?"

"난 한 군데서만 받지만, 넌 여러 군데서 받고 있으니까 그러지."

"스폰을 여러 군데서 받는 게 중요해? 난 제안 받은 곳들이 더 있는데도 거절했는데?"

"뭐어? 그걸 왜 거절해? 너 바보냐? 다 받아야지!"

"내가 좋아하는 것도 아니고, 내가 대표하고 싶은 마음이 없는데 왜받아? 공짜로 준다고, 스폰 받는 브랜드가 많아진다고 해서 내가 더 나은 사람이 되는 건 아니야. 내가 재밌고, 내가 마음에 드는 게 1번이지. 남들 눈에 봤을 때 저 사람 어디서 스폰 받는대가 1순위가 된다면, 대체 누구를 위해 무엇을 위해 보드 타는 거야? 난 날 위해 타고 싶다고."

빅터는 나와의 대화에서 생각지도 못한 충격을 받은 듯 보였다. 나보다 보드 경력이 짧은 빅터로선 롱보드 영상들을 보며, 스폰 받는 라이더들이 부러웠던가보다. 열심히 타서, 실력을 키워서 스폰 받는 보더가 되어야지, 라고 생각을 하고, 보드 스폰을 받게 되니, 다른 스폰을 목표로 잡고 있었다. 빅터에겐 손 안에 넣고 싶은 목표가 스폰인데, 나로인해 스폰 제의가 들어와도 거절하는 사람이 있다는 것을 알게 된 것이다. 빅터에겐 그동안 자신의 롱보드 라이프에 대해 새롭게 생각해볼 기회였다. 스폰 받는 브랜드명들로 자신을 드러내는 것이 아니라, 스스로 자연스럽게 드러나는 본연의 모습이 더 중요하다는 것을 깨닫고, 내게 고맙다 말했다.

바르셀로나는 '여행은 인간의 독선적 아집을 깬다'는 말을 체감할 좋은 기회였다. 덕분에 내가 조금은 더 유연한 사람이 된 것 같기도 하고, 매년 여행을 다닐 좋은 핑계가 된 것 같기도 했다. 그 어느 쪽이든 좋아서, 난 계속 여행을 이어갈 수밖에 없다.

나 자신의 마음의 소리에 솔직하게 반응할래.

- 마르코스, 바르셀로나 & 브라질

화장실에서 생각하는 로댕, 알렉스

리우 데 자네이루, 브라질

"네가 롱보드 댄싱씬에서 얼마나 큰 영향력을 끼치고 있는데 그런 소릴 하는 거야? 여기 남미 사람들도 네 영상을 보면서 보드를 탄다고!"

　'인생은 여행'이라는 말을 좋아한다. 우리는 살아가면서 수많은 사람들을 만나게 된다. 만남은 인연으로 이어지고 그 인연은 친구가 되고, 연인이 되고, 가족이 된다. 우리 인생은 함께 하는 사람들과 의미를 갖게 되고, 특별해진다. 이 점에서 우리 인생은 여행과 닮아있다. 모든 여행은 만나는 사람으로 인해 더욱 특별해지기 때문이다.

　이번 여행을 통해 만난 수없이 많은 사람들 중에 알렉스는 보드에 가장 미쳐있던 사람으로 특별하다. 알렉스는 롱보드 강사(Longboard instructor)가 직업이다. 그는 구아나바라 보드(Guanabara boards) 라는 유튜브 채널도 운영한다. 어렸을 때부터 스케이트보드를 즐겨왔는데, 보드를 즐겨온 시간이 쌓이면서 변화가 찾아왔다. 자신이 보드를 좋아하는 것을 떠나, 어떻게 하면 다른 사람들이 보드를 즐기게 할 수 있을까를 항상 고민하고 실천했다.

내가 리우에 있는 동안 우리는 수많은 토론을 했다. 처음 시작은 헛웃음이 나올 만큼 황당했다. 아침에 알렉스는 화장실에 오래 앉아있었다. 밥을 같이 먹으려고 기다리고 있는데, 갑자기 튀어나와선 뜬금없이 말을 꺼냈다.

"도영! 넌 네가 롱보드씬에서 중요한 사람이란 걸 알아야 해."

"엥? 무슨 소리야? 나 그냥 보더야. 뭐가 중요한 사람이야?"

"네가 롱보드 댄싱씬에서 얼마나 큰 영향력을 끼치고 있는데 그런 소릴 하는 거야? 여기 남미 사람들도 네 영상을 보면서 보드를 탄다고!"

"그건 내가 운이 조금 좋았을 뿐이야. 다 똑같은 보더라고."

"어휴. 답답해! 나랑 있는 동안 롱보드씬에 대해서 이야기 많이 해야겠다."

"너 화장실에서 무슨 일이 있었던 거야! 갑자기 왜 이래?"

"화장실 무시하냐! 사람이 깊이 생각하기 가장 좋은 시간은 똥 싸는 시간이라고!"

알렉스는 날마다 화장실에서 한 가지씩 진지하게 대화를 할 만한 화제를 가져왔다. 가끔 그는 말하다가 진심으로 화나기도 해서, 난 그가 화장실을 안 갔으면 싶었다.

"헤이, 롱보더 도영! 롱보드가 스케이트보드에서 어떤 영향을 받아서 이렇게 됐는지는 알지?"

"모르는데? 난 그냥 재밌게 타는 게 전부인데?"

"내가 너 중요한 사람이라고 몇 번을 말하냐? 롱보더들은 최소한 로드니 뮬런(Rodney Mulen), 조 무어(Joe Moore), 케빈 해리스(Kevin Harris)는 알아야 해. 아무리 스케이트보드 영상 안 봤어도, 이 사람들 영상 본 적은 있지?"

"잘 모르겠는데? 본 적 있나?"

대답을 잘못해도 완전 잘못했다. 이날부터 나는 로드니 뮬런의 다큐멘터리, 인터뷰, 대회영상들을 시작으로, 독타운의 제왕들(Loards of Dogtown), 다양한 영상들을 보면서, 스케이트보드 프리스타일에 대해서 주입식 교육을 받았다. 브라질 리우에서 내가 스케이트보드의 역사 수업을 들을 줄은 꿈에도 몰랐다. 약 2주 가까이 있었던 시간 동안, 스케잇 프리스타일과 롱보드 프리스타일의 차이점, 댄싱과 트릭의 정의 등 기본적인 것에서 시작해서 대회에서 판정기준에 대해서도 배웠다. 또한 내가 그동안 해왔던 것을 토대로 어떻게 하면 더 나은 방향으로 갈 수 있을지에 대해 끊임없이 대화를 나눴다.

"내가 구아나바라 보드 유튜브 영상을 올리면서, 악플도 많이 받았어."

"응? 그거 사람들 엄청 많이 봤잖아. 나도 올라올 때마다 봤는데, 욕할 게 뭐가 있다는 거야?"

"안나 마리아(Anna Maria)가 드레스 입고 맨발로 보드 타는 거 올렸을 때가 악플이 최고조였지. 오랜 스케이터들이나 롱보더들한테 욕 많이 먹었거든. 반대로 아직 보드를 접하지 않은 대중들은 그 영상을 보면서, 롱보드에 관심을 갖게 됐어."

"난 그 영상 엄청 예쁘다고 생각했어."

"물론 아닌 사람도 많지만 꼰대들이 많더라고. 그 드레스 입고 보드 타는 영상이 250만뷰가 나왔어. 그냥 롱보드 타는 영상을 올려서 얼마나 보겠어? 우리가 해야 할 일은 보드를 이미 타고 있는 사람들에게 영감을

주는 영상도 찍어야겠지만, 일반 대중들에게 어필하는 영상을 많이 찍어야 하는 거야. 그래야 씬이 성장하거든."

그렇다. 알렉스를 욕한 사람들은 흔히 말해 꼰대들이었다. 하나를 오래 지속하면서, 그 안에만 갇혀 흐르는 길을 애써 가두고 비난만 일삼는 이들. 초심자에게, 그리고 초심자가 될 가능성이 있는 사람들에게 좋은 영향을 끼칠 수 있는 것이 무엇보다 중요한데, 그걸 나쁘게 보다니…. 알렉스의 불만에 나도 불같이 화를 내며 상황을 진정시켰다. 감사하게도(?) 시간이 흘러, 알렉스의 마지막 똥이 찾아왔다. 평소보다 일찍 화장실에서 나왔길래, 마지막 날이라 가볍게 날 풀어주려나 싶었다.

"도영. 이제 아르헨티나로 떠나네. 떠나기 전에 마지막으로 조언 하나 해줄게."

"또 뭔데? 어휴, 끝까지 너 캐릭터 확실하다. 확실해."

"한국에 돌아가면 롱보드 강습해. 나처럼. 넌 충분히 할 수 있어."

"아직 우리나라는 유료강습에 대한 인식이 좋지 않아. 나중에 기회되면 할게."

"아냐. 네가 시작하면 돼. 처음이 되는 걸 두려워하지 마. 욕먹는 걸 무서워하지 마. 넌 충분히 자격 있어. 넌 중요한 사람이라니까."

"알겠어. 돌아가면 해볼게."

"와, 너 지금 내 말 대충 듣는 거 티 난다. 내가 노하우 하나 줄게. 롱보드 티칭에 있어서 팁은, 그들이 할 수 있다는 걸 믿게 만들어주는 거야. 잊지 마. 정말 중요한 거야."

솔직히 처음에는 알렉스 말대로 진지하게 듣지 않았지만, 마지막 그의 노하우는 내 안의 무언가를 건드렸다. 깨닫는 게 생겼다. 나는 항상 사람답게 살고 싶었고, 내가 가진 것으로 다른 사람들도 사람답게 살게끔 돕고 싶었다. 그렇게 영어를 가르치고 있고, 중고등학생에게 강연을 하고, 롱보드씬에서도 사람들이 즐겁게 탈 수 있게 노력해왔다. 그런데 그 핵심을 알렉스의 말에서 깨우칠 수 있었다. 어쩌면 난 모두가 그들이 할 수 있다는 것을 스스로 믿게끔 하는 역할을 했던 것이다. 내가 경험한 것을 토대로 말이다.

"전 영어가 해도 해도 안돼요. 어려워요."

"고민이 있어요. 하고 싶은 게 없어요. 아니, 있는데 부모님이 반대하기도 하고, 돈도 없어요."

"진짜 이 기술은 못하겠어. 난 안 되나봐."

"아니. 모두 할 수 있어요. 절 믿어주세요. 여러분 할 수 있어요. 제가 더 힘내볼게요!"

그리고 그들이 결국엔 해내는 것을 보는 게 내 행복 중 하나가 되었다. 그 순간을 함께 누릴 수 있다는 게 얼마나 큰 축복인가. 내 앞에서 행복을 만끽하는 내 소중한 사람들을 볼 때마다 나의 행복 역시 더하기가 아니라 제곱으로 늘고 또 늘었다. 내가 살아가는 이유 중 하나가 되는지도. 너무나 좋기에. 마지막으로, 알렉스가 많이 했던 말이 있다.

"DoYoung, I am Fxxking Solution(도영, 내가 해결책이야)."

그래, 알렉스. 니 똥 굵다. 어휴.

참, 알렉스 너의 마지막 조언대로 롱보드 강습하고 있어.

"Understand what you do?"

"Go ahead."

"Find your own way."

네가 뭐 하는지 알겠어?

해버려!

너만의 길을 찾으라고!

- 알렉스, 브라질

꿈이 있든 없든 그건 중요치 않아

리우 데 자네이루, 브라질

"솔직히, 꿈이 있든 없든 뭐가 중요해? 지금 즐겁게 사는 게 최고야."

몇 년 전이었다. 추운 겨울, 반스 크루와 지하주차장에서 보드 탄 이후 저녁을 먹으면서 이야기를 했었다. 브라질에 여행 가서 안나 마리아를 만나 같이 보드 타면 정말 끝내주겠다는 내용이었다. 그야말로 상상이 되는 대로 의식의 흐름대로 아무말 대잔치를 열었다. 안나 마리아가 누구냐 하면, 롱보드를 시작했던 초기에 크루저보드를 타며 댄싱하는 영상으로 SNS상에 화제가 되었던 롱보더다. 예쁜 외모와 쿨한 스타일의 라이딩은 많은 팬을 만들었고, 많은 사람들에게 롱보드를 시작하는 동기가 되어주었다. 그때 나누었던 대화가 너무 재밌어서, 이야기만으로 끝내고 싶지 않아 우리는 현실화시켜보려 했다. 브라질 여행을 알아보니 남미가 위험하기도 하고, 직항은 전혀 없고, 긴 비행시간으로 인해 포기할 수밖에 없었다. 직장인의 서글픔이다. 대안으로 우리는 유럽여행으로 선회했고, 그게 나의 첫 유럽여행이 되었다. 첫 유럽을 즐기면서 브라질을 잊었다. 여행의 계기 따윈 중요치 않을 만큼 충분히 즐거운 유럽여행이었기에.

이듬해 세계여행을 계획했고, 브라질 생각이 났다. 말도 안 되게 마침 안나 마리아가 속한 구아나바라 보드 팀 오너인 알렉스로부터 연락이 왔고, 브라질을 갈 수 있었다. 우연인지 필연인지 브라질 리우에 도착할 즈음, 비토리아 출신인 안나 마리아가 알렉스의 집에서 머무르고 있었다. 기막힌 타이밍이었다! 세상이 나를 위주로 돌아가는 게 아닐까 하는 착각이 들 정도였다. 브라질에 도착한 첫날 알렉스와 안나를 만났다. 여행을 하면서, 각 나라의 영상으로만 보던 사람들을 많이 만났기에 그다지 새로울 것도 없는데, 그렇지 않았다. 너무나 신기했다. 어쩌면 가장 초기에 봤던 영상 속 라이더였기 때문이었을지도 모른다.

SNS를 통해서 본 안나는 조금은 불량하고, 남미의 쎈 언니 느낌이 물씬 났지만, 실제로 본 그는 달랐다. 브라질 특유의 호쾌함이 있을 뿐, 바른 소녀라 할 수 있었다. 안나와 지내면서 이런저런 대화를 나누던 중, 앞으로의 목표, 꿈에 대한 이야기가 나왔다. 그때 안나의 말이 인상적이었다.

"1~2년 전에 내가 하고 싶은 것이 무언지도 모른 채 고민이 깊었어. 항상 초조하고 '내가 앞으로 무엇이 되어야 하나.' '어떻게 살아야 하나.' '이대로 지내다가 큰일 나겠는데….' 하지만 고민할수록 고민이 더 늘었어. 아무리 고민해봤자 답이 나오지 않았지. 무턱대고 고민만 한 거야. 딱 결과가 나오진 않더라고. 그리고 설령 결론을 지었더라도, 그렇게만 흘러갈까 생각을 해보니 의문이 들었지. 아닐 거 같은 거야."

"그럴 수 있겠네. 그래서?"

"지금을 열심히 살자는 생각이 들던데? 내가 지금 해야 하는 것을 열심히 하는 것 이외엔 내가 할 수 있는 게 없어. 그리고 주변에 다양한 사람을 보면서 참고하는 거지. 어떤 삶이 나에게 맞을지 말이야. 예를 들어, 알렉스? 좋은 사람이지만, 난 저렇게 살고 싶지 않아. 내가 원하는 라이프스타일은 아니거든. 물론 또 고민을 해야 하는 시기가 찾아올 수도 있겠지만. 지금은 아냐. 그 생각에 오래 빠지니까 힘들더라고. 하하하."

"고민만 늘어가는 것보단 훨씬 좋아 보이네!"

"솔직히, 꿈이 있든 없든 뭐가 중요해? 지금 즐겁게 사는 게 최고야."

이제 막 스물이 넘은 안나가 내린 결론은 심플하고, 확실한 메시지였다. 현재에 충실한 안나. 막연한 미래 때문에 고민이 심할 때는, 확실히 지금 내가 해야 할 일에 집중하는 것이 백배 나았다. 먼 미래는 아니더라도, 가까운 미래에 대한 계획과 현재에 집중하는 것이 나아가야 하는 길을 밝혀주는 것 같다. 십대, 그리고 이십대 초중반에 벌써 자기가 하고 싶은 일을 확실하게 결정하는 사람이 어디 있나. 그런 사람이 별종이지.

나이답지 않게 생각이 깊은 안나는 건강에 대한 욕심마저 엄청났다. 매일 아침 저녁은 물론이고, 틈틈이 스트레칭과 요가를 했다. 맨몸 운동 역시 많이 했다. 안나와 함께 있는 동안, 나 역시 강제로 같이 하게 됐는데, 군대시절로 되돌아 온 것 같았다. 아침 PT를 할 때보다 심했다. 윗몸 일으키기도 한 번에 200번씩 하고, 버핏, 팔굽혀펴기 등 다양하게 했다. 이 정도면 운동이 아니고 훈련이었다. 알렉스 또한 내게 운동을 강조했다. 특히나 보더에겐 유연성이 필수라며, 요가를 강력 추천했다.

한국에 돌아가면 나도 요가를 시작하기로 했다. 안나의 건강관리는 운동에서 끝나지 않았다. 음식에도 엄청나게 신경을 썼다. 채식주의자까지는 아니지만, 채소와 과일 위주로 먹었다. 난 먹는 것까진 따라하기가 힘들었다. 무서울 지경이었다.

어린 나이에 이렇게까지 건강을 신경 쓰는 게 신기했다. 건강을 챙기고 관리하는 것이 막연한 미래를 한없이 고민하는 것보다 더 미래를 대비하는 방법이어서가 아닐까? 이런 안나를 보며 건강에 무심한 나를 반성했다. 아버지가 건강을 잃고 무너지는 걸 봐왔으면서도 이렇게 관리를 안 하다니 정말 못났다. 건강관리는 스스로에 대한 예의라는 생각이 들었다. 자기 자신조차 존중할 줄 모르는 놈이 무엇을 할 수 있을까.

안나와 친해지면서 안나가 사는 비토리아에도 가고 싶었지만, 안나의 독일여행과 내가 브라질에 있는 시기가 맞지 않아 다음에 다시 오기로 했다. 다음에 안나를 보는 날이 기대가 된다. 안나는 어떤 사람이 되어있을까? 그리고 난 어떤 사람이 되어있을까? 다음에 만날 땐 부끄럽지 않은 사람이 되어 있기를 바라며. 최소한 더 건강한 사람이 되어 있기를 스스로 약속하며. 안나도 나도, 그저 하루하루 주어진 시간 속에서 각자가 아름답다고 생각하는 행동을 높이 높이 쌓아가기를. 그렇게 시간이 흘러, 뒤돌아봤을 때, 내 인생이라는 '작품'은 빛나리라 믿는다.

PS. 돌아와서 요가학원에 등록해 도전했다. 아쉬탕가 빈야사 요가. 처음엔 안 되던 자세가 어느 순간부터 되기 시작해 오버하다가 허리를 삐끗해버렸다. 이런 바보 같으니.

작고 소중한 일상에 해시태그를 붙이다

리마, 페루

일상을 여행처럼, 여행을 일상처럼. 인생은 결국 하루하루가 차곡차곡 쌓여서 이루어진다.

남미, 그중 페루에 왔다. 페이스북을 통해 알아온 친구, 밥(Bob)을 만났다. 이번 7개월이 넘는 여행 중에 가장 오래 함께 지낸 사람이 밥이다. 그만큼 추억도 많다. 페루, 리마는 보드 탈 스팟이 많지 않아서였을까? 보드를 타는 시간은 많지 않았다. 하지만 그만큼 다양한 것들을 할수 있었다. 밥을 생각하면 지금도 피식 웃음이 난다. 밥이 자주 한 말이 기억난다.

"What is today's hashtag(오늘의 해시태그는 뭐야)?"

해시태그
요즘 SNS 하는 사람 중에 해시태그를 모르는 사람은 없을 거다. 대부분 SNS를 하는 사람은 해시태그를 쓰고, 나도 그 대부분에서 벗어나지 못한다. 해시태그는 같은 해시태그 안에서 묶이며 서로 연결이 된다. 모두가 연결이 되는 해시태그는 특히나 일상적인 단어들이다. 그 해시태그를 가벼운 웃을거리가 생길 때마다 붙여주었다. 밥과 나의 해시태그. 우리의 작고 소중한 그러나 오래도록 기억할 추억이자 일상이다.

#WelcometoLima 웰컴투리마!

사진, 영상 프리랜서인 밥은 시간을 자유롭게 쓴다. 그래서 내가 리마 공항에 도착했을 때 마중을 나올 수 있었다. 공항에서 짐을 챙겨 나온 난, 저 멀리서 다가오는 밥을 한눈에 알아봤다. 페북에서 보던 사진과 똑같았다.

"Welcome to Lima(리마에 온 걸 환영해)!"

"우와, 이렇게 밥 너를 만나는구나. 반가워!"

처음엔 정말 환영의 인사였다. 그러나 이 이후 우리가 외치는 "웰컴투리마!"는 달랐다. 페루의 수도, 리마는 교통이 복잡했다. 교통신호는 있지만, 제대로 지키는 걸 거의 못 봤다. 우리는 차가 오는 방향을 지켜보다가 긴장하며 횡단보도를 달려야 했다. 맨 처음 달렸던 그때. 밥이 크게 외쳤다.

"Run! Welcome to Lima(달려! 웰컴투리마)!!"

그 이후, 우리는 횡단보도를 건널 때마다 "웰컴투리마!"를 외쳤다. 때론 밥이 잊지 않게 내가 먼저 외치곤 했다. 어찌 보면 아찔할 수도 있고, 기분 나쁠 수도 있는 순간들을 우리는 이렇게 즐겁게 웃어넘겼다.

#Nochino 노치노, 중국인 아님!

"Chino(치노)!"

"No Chino! Koreano(노 치노! 중국인 아냐! 한국인이야)!"

Chino. 치노. 원래는 중국인을 뜻하는 단어지만 남미에선 특히 동양인 전부를 치노라고 부른다. 밥이 날 부를 때도 치노라고 불렀다. 동양인을 편히 치노라 부른다는 걸 알고 있지만, 난 "노치노"라고 대답했다. "꼬레아노"라고 말했다. 동양인을 부르는 거지만 그래도 중국인이라는 뜻도 있잖아! 라며. 그랬더니 밥이 껄껄 웃으며 말했다.

"Today's hashtag is Nochino(오늘의 해시태그는 노치노야)."

밥은 리마에 사는 아시아인 친구에 대해 말해줬다. 그 친구도 똑같이 "노치노"라고 대답을 했단다. 그리고 자기 인스타에 #nochino를 매번 포스팅마다 단다고 했다. 어느 나라 출신인지는 모르지만, 역시 자기 나라를 바꿀 수 없는 건 똑같았나 보다.

그 후 밥은 나를 부르는 호칭 중에 '노치노'를 추가했다. 다른 사람들과 함께 만나는 날엔 날 꼭 노치노라고만 불렀다. 밥, 너 참 귀엽다.

#Cansado 깐싸도 피곤해 #Sueño 수에뇨 졸려

밥은 사진작업을 항상 밤늦게 했다. 느긋하게 놀고 또 놀다가 한밤이 되어서야 일하는 스타일이다. 아침을 먹을 시간엔 잠에서 헤어 나오지 못했다. 난 밥의 부모님과 친형이랑 아침을 함께 먹으면서, 밥 또 늦게 잤다고 같이 투덜댔다. 그들은 함께 투덜대는 나를 좋아했다. 밥은 해가 중천에 뜰 무렵에야 간신히 잠의 호수에서 헤어 나왔다. 함께 점심을 먹고, 밖으로 나갔다. 리마 이곳저곳을 그와 함께 탐험했다. 조금 돌아다녔을까? 밥의 얼굴에 피곤해, 라고 쓰여 있었다.

"Bob! Cansado(밥! 간싸도? 피곤해)?"

"NO! No cansado(아니! 안 피곤해)!"

빤히 눈에 보이는데 거짓말을 한다. 그 모습을 보니 장난을 치고 싶었다. 놀려야 했다.

"피곤하네! 피곤한데? 피곤하잖아! 에고, 밥 피곤해서 더 못 놀겠네. 집에 가자!"

"아니라니까! 나 안 피곤해! 흠? 수에뇨(Sueño)? 약간 졸린 정도?"

너무 티가 나서 힘들 땐 피곤한 건 아니고, 약간 졸리다고 말했다. 누굴 속이려고. 너, 피곤한 거 맞아. 하루 신나게 놀고 집에 간다. 푹 자고 다음날 일어난 직후 내게 항상 하는 말이 있었다.

"I'm fresh! Are you cansado(나 완전 힘이 넘쳐! 팔팔하지! 너 피곤하냐)?"

"어휴, 그래. 밥. 너 최고다! 제발 그 상태를 가능한 오래 유지해줘."

#Iamlost 여기 어디야? 나 길 잃었어

"도영, 내 친구가 일요일 점심식사 초대하고 싶다는데? 갈래? 그 동네 진짜 예뻐!"

"당연하지! 가자, 갔다가 보드 타면 되겠네!"

밥 친구는 미라플로레스에 살고 있다. 리마는 위험한 동네지만, 미라플로레스는 부유한 사람들이 많이 살아서 안전한 동네다. 바다가 보이는 공원이 보드 타는 스팟이기도 하고, 많은 관광객들이 오는 곳이다. 밥의 집에선 대중교통으로 1시간 반이 넘는 거리. 우리는 버스를 탔다.

역시나 피곤의 대명사, 밥은 버스 탄 지 얼마 안돼서 잠이 들었다. 그냥 자게 놔두었다. 1시간 정도 지나서 내릴 때가 되었나 싶어 걱정스런 마음으로 밥을 깨웠다.

"밥, 밥! 일어나 봐! 여기 어디야? 우리 얼마나 더 가야 해?"

"으으으… 응…? 어…? 어? 어???"

고개를 사방팔방 휘젓는다. 창문 이쪽을 보고, 저쪽을 보고 난리가 났다. 일부러 나를 불안하게 만들려는 건가? 잠시 후 흔들리는 눈빛으로 나를 보며 밥이 말했다.

"I am lost. Where am I(모르겠네. 길 잃었나. 여기 어디야)?"

"…밥?… 난 한국인이고, 여행하고 있는 거고… 넌 여기 로컬이잖아… 네가 모르면 어떡해!"

5분 정도 헤맸을까? 정신을 차린 밥은 일단 내리자고 했다. 장난이 아니었다. 정말 길을 잃은 거였다. 밥은 친구에게 전화를 걸더니, 결국 우린 택시를 타고 친구네 집을 갔다. 밥, 진짜 하루하루 재밌게 산다, 우리.

#NoBATTERY #NoUSB

"밥! 나 리마 시내 가고 싶은데, 언제 갈까?"

"내일 바로 가자! 오늘 카메라랑 배터리 전부 충전해야겠다. 안 그래도 내일 그 근처에 미팅 있어서 가야 했는데 잘 됐다!"

"그래? 타이밍 딱이네! 알겠어. 그럼 내일 가자."

아침이 밝았다. 식사를 마치고 각자 옷을 갈아입고 챙길 것을 챙겨 나왔다. 큰 백팩을 메고 나온 밥은 내게 잊은 것 없냐고 물었다. 시내까지 한 시간은 걸렸다. 거리가 멀고, 밥 업무 미팅이 있기에 다시 돌아갈 수 없었다. 확실히 하기 위해 거듭해서 내게 물었던 것이다. 난 완벽하다고 대답했다. 버스를 타고 한참 가서야 도착했다. 이제 시내다. 걸어가다가 밥이 잠시 멈추라 했다. 다리가 잘 보이니 이곳에서 사진 한 장 찍자는 거였다.

"어? 왜 안 찍히지? 어? 어? 설마…"

"왜 그래? 밥? 뭐가 안 돼?"

"도영… 배터리가 없어…."

"뭐? 다 충전했다며? 진짜? 안 챙긴 거야?"

"하아… 책상에 두고 왔나 봐. 미안해…. 오늘 사진 못 찍겠다."

"괜찮아. 나 리마에 있는 기간도 긴데 뭐. 다음에 다시 와서 찍고 오늘은 구경만 하자!"

밥은 혹시나 싶어 가방을 몇 번이나 더 뒤적거렸다. 역시 없는 건 없는 거였다. 설상가상으로, 이날 미팅 때 필요한 USB마저 놓고 왔다. 미팅은 연기가 되었다. 시내를 구경하는 내내 난 시무룩해진 밥을 위로해줄 뿐이었다.

#NoName

"도영, 이번 주 토요일 밤에 공연 있는데 보러 갈래? 나 거기 사진 찍어야 하거든. 근데 내가 한 명 더 공짜로 데려갈 수 있어!"

"그래? 좋은데? 가자 가자! 재밌겠다. 근데 너무 늦게까지 있진 말자. 잠은 제때 자야 해. 피곤하단 말야."

"걱정 마! 12시에 끝나고 바로 집에 오면 돼!"

공연 시작하기 1시간 전 우리는 공연장에 도착했다. 티켓을 사서 사람들이 대기하고 있었다. 우리도 줄 서서 차례를 기다렸다. 우리는 티켓 확인하는 사람에게 이름을 알렸다. 무료입장 가능한 리스트에 우리 이름이 있을 테니 말이다. 그런데 문제가 생겼다.

"도영? 들어가도 됩니다. 이름 있네요. 데이비드 밥? 없는데요? 들어 오실 수 없습니다."

"네? 뭐라고요? 꼬레아노 여행객 이름이 있는데, 여기서 오늘 사진 찍으러 온 내 이름이 없다고요? 말이 돼요 그게?"

"전 여기 명단에 있는 것으로밖에 판단할 수 없습니다. 죄송합니다."

어찌 이런 일이 있을 수 있는가. 결국 밴드에 사진 일을 맡긴 기타리스트에게 전화를 했다. 여러 절차를 거쳐 간신히 들어올 수 있었다. 밥은 참 하루하루 쉬운 날이 없다. 얘 혼자 잘 지낼 수 있겠지? 란 걱정이 든다.

#4000

여행을 하며 아무리 아파도 병원을 피했다. 약으로만 해결하려 했다. 병원비가 비싸기에. 아픈 것도 정도가 있지, 남미에서 팔꿈치를 다쳤을 땐 어쩔 수 없이 병원을 가야 했다. 팔이 제대로 안 움직여졌기 때문이다.

"밥! 나 팔꿈치 이거 못쓰는데, 병원을 가야겠어. 데려다줘."

"가야지! 팔을 굽히지도 못하니…. 우리 집 근처 병원 있어. 가자!"

10분 후, 병원 앞에 도착했다. 이상했다. 계단을 오르는 곳 옆에 작은 데스크가 있고, 두 명이 비좁게 앉아있었다. 거기서 접수를 받는다. 이 병원에 들어가는 것 자체가 더 큰 문제를 불러일으킬 것 같았다. 돌팔이 느낌이 쎄하게 들었다.

"밥, 나 이 병원 믿음이 안 가는데, 큰 데로 가면 안 될까?"

"왜? 여기 괜찮아. 일단 가격부터 물어볼게."

"아니, 내가 병원 올 정도면 진짜 중요해서야. 여기 이상해."

내 말은 들리지도 않았는지, 밥은 이미 데스크로 향하고 있었다. 셋이서 스페인어로 긴 이야기를 나눴다. 잠시 후. 충격적인 말을 들었다.

"도영, 의사 진료받는 게 30솔(약 12,000원)이고, 엑스레이 찍는 게 4,000솔(약 1,600,000원)이래."

"뭐? 엑스레이가 4,000솔이라고? 확실해? 포 싸우전드? 4 thousand? 진짜?"

"응! 포 싸우전드(4,000). 의사 진료는 써티(30)."

"안 되겠다. 너 잠깐 나와 봐."

왜? 를 외치는 밥의 팔을 억지로 이끌고, 건물을 나섰다. 다행히, 계단 오르는 곳이 데스크, 길 한가운데 있는 거나 다름없어서 바로 피할 수 있었다.

"밥! 4,000솔(160만 원)로 엑스레이 찍는 거면 한국 왕복 비행기 타고 엑스레이 찍고 여기 다시 올 수 있어!"

"엥? 뭐? 어떻게…? 아, 40솔… 포티(40)야. 잘못 말했네…."

"보통 Fourteen(14)과 Forty(40)를 발음 실수하거나 헷갈려하지, 어떻게 포티(40)랑 포 싸우전드(4,000)를 잘못 생각할 수 있는 거니. 밥 너무하잖아!"

PS. 결국 큰 병원을 가서 진료를 받았다. 엑스레이를 찍어보고 별 문제가 없다고 5일이면 낫는다고 말했다. 의사의 말과는 다르게 팔은 낫지 않았다. 한국에 돌아와 다시 검사를 받았을 땐 뼈 끝부분이 부러졌고, 골절이었다는 소식을 들었다. 페루 병원은 추천을 못하겠다.

#7.5

"밥, 나 신발 살까 하는데 많이 비싼가?"

"아니, 여기 그렇게 비싸진 않아! 미국에서 세금 없이 들여와서 불법으로 파는 데 있거든. 대신, 가짜도 있으니까 잘 봐야 해. 내가 같이 가서 확인해줄게! 나만 믿어."

우리는 시내 곳곳을 돌아다니며 신발을 봤다. 신발가게는 많고, 볼신발도 많았다. 하지만 생각지도 못한 문제가 생겼다. 내 발 사이즈는 255mm. US 사이즈로 7.5다. 이 사이즈를 찾을 수가 없었다.

"어떻게 발 사이즈가 7.5야? 애들용 사야겠네. 우리는 그런 사이즈 없어."

"헐. 왜? 이거 정말 좋은 사이즈야! 딱 좋은 사이즈라고!"

"훗. 난 9인데? 9 정도 돼야 남자 사이즈지! 7.5는 베이비 걸이야."

"와! 완전 황당하네. 아니거든? 7.5야말로 환상적인 사이즈거든?!"

둘이서 리마 시내에 안 가본 신발가게가 없었다. 심지어 페루 강도들이 훔친 걸 파는 어둠의 시장도 찾아가 봤다. 그 어느 곳에서도 찾을 수 없었다. 이틀 동안 신발가게를 전전했다. 결국, 난 8 사이즈를 살 수밖에 없었다. 그것마저도 얼마 없었기에 마음이 아팠다.

"진짜 이해 못하겠네. 255 사이즈가 왜! 7.5 진짜 이쁜 사이즈라고!"

"푸하하하하. 베이비 걸 같으니라고."

이날 나는 밥의 행복을 책임졌다.

#Badhaircut

여행을 떠나온 지 5개월에서 반년 가까이 지났을 무렵이다. 페루 오기 전 아르헨티나에서 찍은 영상을 본 동생이 내게 단발이 되어간다고 말했다. 단발이란 말에 충격을 먹은 나. 머리를 잘라야겠다고 마음먹었다.

"밥, 나 머리 잘라야겠어! 지금 너무 긴 것 같아."

"그래? 나 미용하는 친구들 많아! 게이들이 하는 곳이 조금 더 싸. 이발소 바리깡으로 금방 하지. 아니면 미용실 갈 수도 있어. 거긴 조금 더 비싸고 오래 걸리지. 다 나 친구 있어. 어디로 갈래? 게이?"

"흠… 난 미용실 갈래. 게이라서 피하는 건 아니고, 조금 돈 더 주더라도 제대로 자르고 싶어!"

"에이. 게이라고 도망치는 것 같은데?"

"아니라고!"

밥이 당당하게 자기 친구네 가게로 날 데려갔다. 친구에게 나를 소개시켜줬다. 사람이 많아서 예약을 잡아야 했다. 손님이 많아 신뢰가 갔다. 즐거운 마음으로 기다렸다가 시간 맞춰 다시 왔다.

"어떻게 잘라줄까요? 여기 사진첩 있으니 골라보세요."

"밥, 여기 이 사진! 그냥 지금 머리 그대로에서 조금씩 짧아진 거네! 무난하고 괜찮다. 그리고 여기 페루 사람들 보면 옆에만 자르더라? 제발 그렇게 자르지 말아줘. 그건 나한텐 아냐. 자, 통역 고!"

"아! 알겠어. 걱정 마. &#$%^$#$^%&^&^%^$#@@#@##"

약 30분 후 끝났다. 안경을 쓴 후 내 상태를 확인했다. 하아, 설마 했는데 우려했던 결과가 나왔다. 옆은 확실히 자르고, 앞머리와 뒤 꽁지

머리를 남겼다.

"밥! bad haircut! 대체 왜 사진을 고르라고 한 거야? 사진이랑 이건 완전 다르잖아."

"푸하하하. 그래도 오늘의 해시태그는 Nice haircut이야. 이것도 좋아 보이네!"

"으! 아니라고!!"

하루하루 사고가 끊이질 않았다. 밥과의 소소한 일상은 그 자체로 특별한 일이 되었고, 행복이었다. 자신의 일상이 즐겁지 않다면, 아무리 큰 꿈을 꾸고, 큰 일을 한다 한들, 무슨 의미가 있을까? 아니, 그게 가능할까? 일상부터 별로인데 말이다. 일상은 여행을 떠나지 않아도 항상 마주할 수 있다. 난 일상을 즐겁게 만들 줄 아는 사람이 여행을 더 잘 즐길 수 있다고 믿는다. 일상을 여행처럼, 여행을 일상처럼. 인생은 결국 하루하루가 차곡차곡 쌓여서 이루어진다.

밥과 헤어지는 날, 심지어 밥의 친형까지 눈물을 흘렸다.

페루 사람들 이렇게까지 순수하다니…. 잘 지내겠지?

너의 파도를 잡아

리가, 라트비아

"왜 너의 일생 전부를 너한테 그리 중요하지도 않은 일에 쏟는 거지? 모든 파도를 잡으려 하지 말고, 정말 중요한 너의 파도를 잡아."

여행을 떠나기 두어 달 전, 인스타그램과 페이스북 계정에 여행을 계획하고 있다는 포스팅을 올렸다. 그때 라트비아에 살고 있는 알치 (Artjoms)에게서 연락이 왔다. 라트비아에서 매년 하는 축제 '플레이그라운드(Playground Festival)'에 초대한다는 거였다. 낮에는 익스트림 스포츠를 즐기고, 밤엔 뮤직 페스티벌을 하는 곳. 2박 3일 내내 놀거리로 가득하다고 하는데 안 갈 이유가 없다. 유럽여행의 마지막 나라로 축제를 즐기다 떠나면 딱이다. 나는 한치의 망설임도 없이 가겠다고 답했다.

라트비아에 가서 직접 만난 알치는 SNS로 보이는 이미지보다 더 에너지가 넘치는 친구였다. (사실 보드 타는 친구들 대부분이 에너지가 넘친다.) 그의 집에 들어가니 다양한 보드가 보였다. 서핑보드, 웨이크보드, 스노보드, 롱보드 등 엄청났다. 이렇게 많은 종류의 보드를 가진 사람은 처음 만났다. 집 구경을 잠깐 했을 뿐인데, 여행과 보드를 좋아한다는 걸 단번에 확인할 수 있었다. 알치는 자신도 여행에서 돌아온 지 얼마 안 되어 정신이 없다고 말했다.

짐을 간단히 풀고, 자리에 앉은 우리. 알치는 내게 그동안 여행은 즐거웠는지, 특별한 일은 없었는지 물었다. 난 그간 여행하며 있었던 일들을 신나게 이야기했다. 그리고 알치의 여행은 어땠냐고 똑같은 질문을 던졌다. 그러자 그는 흥미로운 이야기를 들려주었다.

"도영, 네가 유럽이 궁금했듯이, 난 아시아가 궁금했어. 그래서 아시아로 여행을 갔지. 여행기간 동안 가능한 많은 나라를 돌아다니고, 서핑을 배웠어!"

"오? 서핑? 나도 서핑하고 싶은데, 나한텐 진짜 어렵더라고. 넌 잘 배웠어?"

"인도네시아 발리에서부터 서핑하면서 지내긴 했는데, 솔직히 수상 스포츠를 즐기는 나로서도 서핑은 어렵더라고! 운 좋게 바다에서 만난 서퍼가 파도를 잡느라 헤매는 날 보며 조언을 해줬어."

"오! 서핑 잘하는 사람인가 보네. 뭐래?"

나중에 나도 서핑을 제대로 배워보고 싶다는 생각을 하고 있었기에, 서퍼의 팁이 궁금했다. 그 서퍼는 생각지도 못했던 답을 내놓았다.

"알치, 내가 너 타는 거 봤는데, 모든 파도를 다 잡으려고 하더라. 그러지 마. 그러면 에너지만 소모되고, 파도는 아예 잡지를 못해. 너의 파도를 잡아야 해!"

"흠… 내가 그랬나? 근데 어떻게 내 파도인지 아닌지 알아?"

"바다에서 가만히 있지 마. 다들 그냥 파도를 기다리는 게 아니야. 파

도들을 자세히 봐봐. 집중해야 해. 어디서 부서지는지, 어떤 포지션을 원하는지 결정해. 그리고 그 파도가 오는 순간, 온 힘을 다해 패들 해서 잡아버려!"

알치는 그 이야기를 듣고 충격을 받았다. 서핑 후, 저녁 비치에서 맥주를 마시며 곰곰이 대화 내용을 되새겼다. 그때 한 남자가 지나갔다. 알치 친구가 그를 불렀다.

"헤이! 어디 가? 여기 내 친구(알치)도 롱보드 타는데, 이야기하면서 같이 술이나 마시자!"

알고 보니 그는 롱보더이기도 했다. 술이나 마시며 복잡한 머리를 잠시라도 비워보자는 생각으로 알치는 여행 이야기를 그에게 했다. 그동안 즐거웠던 시간뿐 아니라 앞으로 캄보디아, 라오, 베트남, 타이로의 여행 계획에 대해서도 말했다.

"그 나라들에는 왜 가는 거예요? 그게 중요해요? 옆 섬인 발리로 가요! 발리 로컬 다운힐/프리라이딩 씬에 당신을 소개해줄 친구가 있어요. 그리고 필리핀 가는 걸 고려해봐요. 아시아에서 최고로 큰 롱보드 캠프가 그곳에 있어요. 3주나 하는데 보더인 당신에게 딱이죠. 재밌지 않겠어요?"

알치는 생각했다. 얼마 전까지 필리핀과 발리를 여행하고 왔다. 다시 갈 계획은 전혀 없었다. 그런데 갑자기 필리핀과 발리에 대한 새로운 정보가 왔다. 아! 이게 내 파도구나. 이걸 잡으러 가야겠다.

"왜 너의 일생 전부를 너한테 그리 중요하지도 않은 일에 쏟는 거지? 모든 파도를 잡으려 하지 말고, 정말 중요한 너의 파도를 잡아."라는 메시지는 그의 여행을 바꿔놓았다. 많은 나라를 여행하는 것은 중요치 않았다. 그는 곧장 발리로 돌아갔고, 그가 좋아하는 롱보드 캠프에 참여했다. 같은 스포츠를 즐기는 이들과 어울려 영상을 찍었다. 저녁엔 기타를 치고, 노래를 부르며 버스킹을 했다. 지금은 라트비아로 돌아와서 파도에 대한 이야기로 다큐멘터리를 제작 중이다.

이렇게 알치의 이야기가 마무리됐다. 이때가 내 세계여행의 절반이 왔을 무렵이었다. 적기에 찾아온 좋은 생각거리였다. 그의 이야기는 여행, 그리고 내 인생에 대해 조금 더 생각할 계기가 됐다. 여행하다 보면 수많은 기회들이 있다. 가능한 많은 나라를 가고, 모든 산을 오르고, 모든 사원을 방문하고, 모든 도시에서 파티를 즐긴다. 모든 나라에서 새로운 사람을 만난다. 가능한 많이, 사람들이 여행 와서 하는 것은 모두 다 하려고 한다. 물론 이 모든 파도들은 그대로 재밌다. 많은 사람들을

홀리게 할 만큼.

그. 런. 데.

사람들이 힘들어하는 이유는 눈에 보이는 모든 것을 가지려 해서가 아닐까?

내게 좋은 것이 아니라 단지 좋아보여서 가지려 하는 건 아닐까?

무언가 좋아 보인다면 나도 꼭 해야 하기 때문이 아닐까?

내 눈에 들어오는 모든 파도에 욕심을 내서는 아닐까?

무언가를 선택한다는 건 한편으로는 무언가를 포기한다는 것. 어쩌면 우리는 좋아 보이는 모든 걸 포기할 용기나 각오가 없는지도 모른다. 인간관계에서도 모든 사람에게 잘하려고 하면, 되려 소중한 사람에게 실수를 하듯이 말이다. 심플하게 줄이고 줄여 핵심만 남기면, 그게 더 행복할 텐데.

알치의 이야기 덕분에 남미로 떠나면서 남들이 꼭 해야 한다고 말하는 것들에 맹목적으로 따르지 않기로 결심했다. 한 번 더 내게 물어보고, 진짜 하고 싶은 것들에 더 시간을 쓸 수 있었다. 그렇게 나 스스로가 조금 더 나은 사람이 되어갔다.

포기하는 용기와는 반대로, 눈앞에 정작 중요한 파도가 왔을 때, 그걸 붙잡을 용기가 부족할 때도 있다. 망설이고 또 망설인다. 이래도 되는 걸까? 다른 사람들은 이렇게 살지 않는 것 같은데, 정말 도전해도 되는 걸까? 내 인생, 이래도 되는 걸까? 라는 두려움에 망설인다. 제자리걸음을 반복하는 것 역시 신발밑창을 닳게 만든다. 망설이다보면, 파도는 이미 저 멀리 흘러가버린다. 뒤늦게 패들링을 한다쳐도 잡을 수 없다. 새로운 파도를 기다려야 한다.

다른 누구를 위해서가 아니라, 자신의 삶을 위해서 조금 더 나 자신에게 집중하고자 한다. 그리고 나의 작은 행동이 다양한 파도를 타는, 좋은 사람들을 끌어들일 수 있다면 좋겠다. 나비효과가 되어 내 세상과 좋은 사람들의 세상이 만나 더욱 더 따뜻해질 수 있도록. 더 아름다워질 수 있도록! 설혹 남부럽지 않은 목적지에 도착하지 않는다 할지라도, 온전히 나에게 집중해서, 내가 아끼는 사람들에게 집중해야 걸어온 걸음걸이마다 향기로운 발자취가 남을 테니까.

"도영, 내일 카이트 서핑이나 할까?"

"카이트 서핑? 연 타고 바람에 날아가는 거?"

"응! 진짜 재밌어. 내꺼 쓰면 되니까 가자."

"나야 좋지. 어디로 가?"

"에스토니아."

"에스토니아? 라트비아에 그런 도시가 있어?"

"아니. 에스토니아는 나라 이름이야."

"뭐어? 그걸 전날 밤에 말하면 어떻게 해? 뭘 준비해야 하지? 며칠이나 가는데?"

"당일치기로 다녀올 건데? 낼 아침 일찍 차타고 다녀오면 돼."

라트비아가 작은 나라이긴 했지만, 근처 산책하고 오자거나, 카페 가서 커피 한 잔 마시자는 느낌으로 가볍게 다른 나라를 다녀오자고 할 줄이야….

– 알치, 라트비아

이렇게 나이 들고 싶다

빈, 오스트리아

내 인생 목표 중 하나가 할배 롱보더가 되는 것이다. 백발을 휘날리며 여전히 롱보드 위에서 바람 맞으며 스텝을 밟고 싶다. 할아버지가 되어서도 롱보드를 즐기고 싶다.

네덜란드 에인트호번에서의 롱보드 대회가 끝난 후에는 늘 파티 같은 뒤풀이자리가 자연스럽게 만들어진다. 그곳에서 이번 대회 이야기는 물론 서로 궁금했던 이야기를 즐겁게 나누기도 하고, 신나게 춤을 추기도 하고, 술을 마시기도 한다. 내가 있는 테이블에서 나의 여행이 화제가 되었다. 모두가 꿈꾸는 여행을 실제로 내가 하고 있어서였다. 내가 하는 여행은 나만의 여행이 아니라, 롱보드를 즐기는 사람들이 응원하며 지켜보는 여행이라는 생각에 감사하면서도 쑥스러웠다. 또한 내 여행의 일부를 함께 하고 싶어 나를 초대해주는 친구들도 많았다. 마침 근처에 있던 심사위원 중 한 명이었던 심플 롱보드 팀라이더 듀드(Duude)가 내게 말을 걸었다.

"여행 중이라고? 유럽여행 일정이 어떻게 돼? 내가 사는 오스트리아 빈에도 와! 왜 내가 있는 곳엔 안와?"

"어? 갈 수 있으면 갈게!"

"갈 수 있으면이 아니야. 무조건 와! 독일 다음으로 오면 루트상 딱 맞겠네!"

미안하지만 내가 여행을 할 수 있는 시간과 돈은 한정되어 있고, 선택을 해야 했다. 독일 다음으론 이탈리아를 갈 예정이었다. 오스트리아를 가려면 이탈리아를 포기해야 했다. 개인적으로 오스트리아보다는 이탈리아가 끌렸다. 난 아쉽지만 오스트리아는 못갈 것 같다고 생각했다.

하지만, 그날 이후 여행 소식을 페이스북에 올릴 때마다 듀드의 댓글이 여러 번 달렸다. 독일 빌레펠트에 있을 땐 마리를 통해 듀드와 통화까지 하게 되었다. 언제 올 거냐는 말, 아! 안가면 엄청 서운해 할 것 같은 느낌이 들었다. 결국 이탈리아를 포기하고, 오스트리아 행을 결정했다. 이번 여행은 어디까지나 사람이 제일 중요하니까. 그리고 나 또한 갑작스럽게 정해진 빈에서의 여행을 내심 기대하는 마음도 있었으리라.

그렇게 도착한 오스트리아 빈. 듀드는 기차역에서 날 기다리고 있었다. 한 손엔 롱보드를 들고, 눈빛은 마치 놀러가기 직전의 어린아이마냥 초롱초롱했다. 오스트리아에 처음 온 사람은 나인데, 되려 듀드가 난생 처음 유럽에 온 것 같았다.

"기차 타고 오느라 힘들었어? 바로 보드 타러 갈 체력은 없으려나?"

보드를 옆에 바짝 끼고 물어보는 그의 모습을 보니 답은 정해져 있었다. 그러고 보니, 듀드는 항상 눈앞에 있는 사람에게 집중하고, 웃는 모습을 보였다. 에너지가 남달랐다.

"좀 지치긴 하는데, 보드 타고 싶네! 타자!"

"오케이! 네가 가면 엄청 좋아할 스팟이 있어! 그 공원은 꼭 가야지! 짐 이리 줘! 내가 들어줄게!"

결국 집에 들르지도 않았다. 그 시간마저 아까웠는지 근처 가까운 사무실에 내 짐을 대충 부려놓고선 보드 타러 나갔다. 지친 몸을 이끌고 도나우 강에 둘러싸인 스팟에 도착했다. 5월의 태양과 말끔히 정리된 아스팔트, 파릇파릇한 잔디와 예쁜 꽃들을 보니, 체력이 충전되어갔다. 역시 자연이 주는 힘은 위대했다. 듀드와 함께 달달한 아이스크림을 먹고 있을 때, 레이니(Reini)가 나타났다. 레이니는 소마(Soma boards) 팀라이더이고 예전 바슬보드(Bastl boards) 라이더였다. 밝고 명랑한 듀드와는 다르게 레이니는 진중한 멋이 있었다. 그렇게 셋이서 오스트리아 첫날 재밌게 보드를 탔다.

함께 집으로 돌아가는 길에 레이니와 듀드의 나이를 알게 되었고, 나는 깜짝 놀랐다. 레이니는 나와 띠동갑을 넘는 40대였고, 듀드 역시 나보다 7살이나 많았다. 외모를 통해 나이 짐작이 힘든 유럽인이라지만, 보통 같이 보드를 탈 때 보이는 체력으로 짐작할 수 있었기에 더욱 놀랄 수밖에 없었다. 도대체 관리를 어떻게 했길래 이렇듯 건강한 삶을 살고 있는지 의문이었다.

내 인생 목표 중 하나가 할배 롱보더가 되는 것이다. 백발을 휘날리며 여전히 롱보드 위에서 바람 맞으며 스텝을 밟고 싶다. 할아버지가 되어서도 롱보드를 즐기고 싶다. 막상 10년 후 내 모습을 그려본 적은 없는데, 레이니를 통해 엿볼 수 있었다. 스폰 받는 팀라이더 중 나이가 많은

레이니인데, 나와 함께 있는 동안, 나이 불평하는 것을 한 번도 들어본 적이 없다. 듀드에게 물어봤더니 그 역시 들어본 적이 없다고 한다. 오히려 듀드가 "난 이제 나이가 많아서"라는 말을 하다가 레이니를 보고 말을 아끼게 된다 했다. 그걸 보며, 지금도 앞으로도 보드 타면서 나이 탓을 하지 말자는 생각이 들었다. 난 이제 고작 서른이 되었을 뿐이다.

나이가 많다고 해서 스포츠를 즐기지 못하는 건 아니다. 물론, 나이를 먹을수록 다치면 낫기도 힘들고, 유연성이 부족해지니 다치기도 쉽다. 그러나 정말 문제는, 나이가 많은 게 아니라 자기관리를 못하는 게 문제인 게 아닐까? 그저 변명으로 말하기 쉬운 게 나이가 아닐까? 나이를 변명으로 쓰는 순간부터 나이는 드는 것이다. 그래서 나이는 숫자일 뿐이다, 라는 말은 일견 타당한 말이다.

10여 년 후에 난 레이니처럼 보는 이로 하여금 말없이 타는 모습만으로 자극을 줄 수 있을까? 나이가 찰수록 성숙해지고, 깊어져야 할 텐데, 그러지 못할까봐 겁이 난다. 듀드처럼 순수하고 맑은 에너지를 내뿜을 수 있을까? 나이가 들어도 밝은 웃음을 계속 지니고 싶은데, 찌푸린 인상이 될까봐 겁이 난다. 어린 시절, 그토록 싫어하고 미워하던 어른의 모습이 될까봐 무섭다. 무서운 만큼 이들을 더 주의 깊게 내 눈에 담았다. 온 힘을 다해 닮고 싶어서.

난 오히려 이런 종류의 두려움을 좋아한다. 계속해서 겁쟁이로 남길 원한다. 내게 용기란 두려움을 모르는 상태가 아니라, 오히려 두려움을 향해 나아가고 극복하는 모습이다. 그것이 올바른 일이고, 남에게 해를 끼치지 않는다면 말이다. 내가 나도 모르게 외면하고 있는 두려움을 찾는 것, 그것이 용기의 시작이다. 두려움을 모르는데, 어찌 용기가 있을 수 있을까? 그건 만용일지도 모른다. 이제 두려움을 찾았으니, 다음 스텝이 기다린다. 내 안에 오스트리아의 진중한 멋과 명랑한 분위기가 아로새겨지는 내 미래의 모습이 말이다. 불현듯 나이 들어가는 것이 기대된다. 중년이 되어 또 다시 오스트리아를 찾아오는 그 순간이 기다려진다. 듀드와 레이니가 날 다시 보았을 때, 내 안에서 그들 자신을 발견할 수 있기를….

문득, 이런 믿음이 생겼다. 내가 할배 롱보더가 되었을 때, 이들만은 내 옆에 있을 거라는 확신. 함께 롱보드에 대한 사랑을 다음 세대에 전할 거라는 믿음. 반짝이는 하루하루를 건너 미래에도 함께 할 수 있기를 바란다. 그들의 마음도 나와 같기를….

.

나이 드는 것보다 열정이 식는 게 더 싫어.

내 친구에게,

우린 참 오래 알아왔어. 거리는 엄청 멀지만, 결코 우리의 인연은 끊어지지 않았지. 우리의 마음과 보드가 있었으니. 너와 함께할 새로운 모험만을 기다리고 있어. 항상 잘 되길, 그리고 항상 웃길 바라. 아후!

– 토비

안녕 도영.

내가 널 만난 건, 너의 리셋 여행 초기였지. 한 주 동안 널 초대하고, 우린 서로의 문화, 인생을 공유했어. 전에는 네가 내게 세계 최고의 롱보드 댄서였다면, 직접 만나고 난 후엔 현실 친구가 되었지. 유럽에서 널 만날 수 있다면 항상 기쁠 것같아. 언제든 파리에와. 늘 환영하니깐.

– 제프 코르시

Hi Doyoung

I remember the first time we met you almost finished travel around the world and the last city is Hong Kong.

You inspired me a lot. you don't join other team because you want people always remember you are Style rider @ team. For me, you are not only Longboard dance master, you do a lot of crazy things about longboard. Awesome.

– shui

TRAVELOL

우린 너의 마지막 여행지인 홍콩에서 처음 만났지. 내게 큰 영감을 줬던 너. 넌 다른 팀에 들어가지 않잖아. 왜냐하면 사람들이 널 스타일 라이더로서 기억하기를 바라니까. 롱보드로 훨씬 의미 있는 일들을 하는 넌, 단순히 롱보드 댄싱 마스터를 넘어 내가 아는 최고의 멋진 사람이야.

– 슈이

안녕 도영,
처음 우리가 만났을 때, 그때 난 막 스텝을 시작한 초보던 게 기억 나.
단 며칠 만에 너는 나의 많은 걸 변하게 했어. 네가 가르쳐준 팁들과 기술들뿐 아니라 가장 중요한 성장하기 위한 동기부여까지 말이야.
고마워!

– 마티스

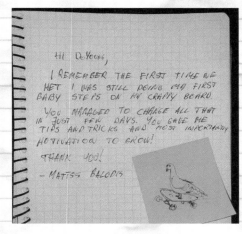

Hi Do.Young,

I remember the first time we met I was still doing my first baby steps on my crappy board. You managed to change all that in just few days. You gave me tips and tricks and most importantly motivation to grow!

Thank you!
– Matiss Balodis

우리가 라이딩 어드벤처지만 그 이름은 도영, 너한테 더 어울리는 것 같아.
나도 다 내려놓고 너처럼 세계를 돌아다니면서 보더들과 보드 타면서 지내고 싶어.
넌 지금 누군가의 꿈을 이루고 있단 걸 알아야 해.
여행 다하고 다시 만나서 이야기 많이 해줘.

– 보록하 라이딩 어드벤처, 마드리드

PORQUE EL LONGBOARD ME
ENSEÑÓ A SER INDEPENDIENTE
Y AL MISMO TIEMPO A SER
SOCIABLE, A FLUIR, A LEVANTARME
Y A SABER CAER, A DISFRUTAR
DE LAS COSAS SIMPLES Y
AL FINAL LO APLIQUÉ A MI
MENTE, A MIS ACTOS Y A MI VIDA!
AHORA TENGO AMIG@S HASTA
EN SOUTH KOREA!
TE QUIERO MAKINA XXL!
See usoon!

롱보드는 내게 독립적인 사람이 되는
법을 알려주면서도 사람들과 친해지게
해주었어. 심플한 것을 즐기게 해주고,
결국 내 마음과 행동, 삶에 스며들었어.
심지어 한국에 내 친구가 있잖아.
사랑해 내 친구! XXL 머신! 곧 보자고.
— 차노

안녕 도영,
빈에 놀러온 지도 꽤 지났네. 근데도 우리
가 함께 한 즐거운 시간들을 생각하면, 엊
그제 같아. 최고의 문화교류였어. 맛있는
음식, 한국식 아침, 끝나지 않은 보드. 언
제나처럼 쏘유캔 대회에서 널 만나길 기
다릴 거야. 언젠가 한국에서 널 만나길 꿈
꿔. 잘 지내고. 항상 최선으로 끝까지 해
내는 거다!
— 듀드

Dear DoYoung,
It's been 4 years already since you visited me
in Vienna, but whenever I think about the
good time we had together, it just feels
like you left a couple of days ago.
It was an amazing cultural exchange I don't
want to miss. Delicious food, K-Pop breakfast
and never ending skate sessions are only a few
things I miss sharing with you.
Same as every year, I'm looking forward to meet
you again in Eindhoven for SYCLD and
dreaming of visiting you in korea someday
take care &
Voigas
Dude

When I started with the "longboard freestyle" thing, I never imagine that South Corea will rise such an amazing generation of skaters.

I had a group of skater friends here in Peru and we learned how to make tricks due to this Corean generation! And Do Young was one of them. I used to talked a lot with my Corean friends on social media and one day Do Young told me that he was planning to travel all around the world and that included Peru, obviously I was so excited to receive! visit from my friend from another continent!

the first thing we did when he arrived was to get some FOOD! we skate, drink inca Kola, try Peruvian desserts, we walked everywhere even to a punk rock concert. He was part of my Family for all the time thant he spent in my house, my mother used to call him "her Chinese son". It was an incredible cultural exchange! from the bottom of my heart I hope that we can meet again and skate together! thanks for passing by... If you want to come back know that you have a family here waiting for you with tons of love!

I love you and I miss you my friend!

"Bob: how you doing
Do Yoong: de puta madre!"

내가 롱보드를 시작했을 땐, 한국에 이런 멋진 보더들이 생길지 몰랐어. 페루에 보더 친구들이 생기고 연습을 시작할 때, 한국 보더들 영상을 봤지. 그 중 한 명이 도영이 너야. SNS에서 이야기하다가 네가 여행한다는 걸 알았을 때, 완전 기쁜 마음에 바로 초대를 했던 거지. 지구 반대편에서 온다니.

우리가 처음 만나서 한 건, 먹는 거였지. 보드도 타고, 잉카콜라를 마시고, 사막도 가고, 펑크 락 콘서트에도 갔잖아. 엄마가 널 아시아 아들이라 불러. 엄청나지! 우리가 또 만날 수 있기를 간절히 원해. 만약 또 페루에 오고 싶다면, 우리 가족은 언제든 널 환영해. 기다릴게. 사랑하고 보고 싶다, 친구야.

밥 : 어떻게 지내?
도영 : 최고지!

— 밥

Dear DoYoung,

Thinking about the times we've met in South-Korea, Hong Kong and the Nederlands, instantly brings back some of the most valuable memories of my life. Unbelievable how our shared passion for those extraordinary skateboards brought us to so many places and made us truely understand eachother.

See you next time anywhere in the world, my friend!

Best Regards,

알토

안녕 도영,

우리가 한국, 홍콩, 네덜란드에서 보낸 시간들은 내 삶에서 가장 가치 있는 순간들이었어. 놀라워. 우리의 열정이 얼마나 많은 장소로 데려갔는지, 진실로 서로를 이해하게 만들었는지를 생각하면 말이야. 세계 어디에서든 또 보자. 친구야.

— 알토

안녕 찐형제 도영,

네가 베를린 와서 처음 본 게 어제 같은데 말야.

난 너처럼 롱보드 댄싱을 그렇게 빠르게 스타일리시하게 타는 사람을 본 적이 없어. 게다가 네가 그렇게 스마트하고 나이스할 줄이야. 우린 바로 좋은 친구가 됐지.

수년간 내게 영감을 줘서, 그리고 우정을 쌓을 수 있어서 감사해!

— 모어

...s still feels like yesterday, that first time ...u came to Berlin Germany.

...e never seen before someone dance on ... longboard so fast and wite so much style. ...s was also amazing to realize that ...ou are so smart and nice guy and we ...mmediately became good friends and ...rothers.

Thank you for inspiring me over the ...years and for your friendship

— Mar Wolf wax

안녕 도영,
난 너의 롱보드 영상을 보면서 롱보드
댄싱을 알게 되었어. 네 덕분에 내 세
계가 뒤바뀌었지.
열정이 우리 삶을 바꿀 수 있고, 다른
사람의 인생에 감동을 줄 수 있다는
놀라운 사실을 알게되었어. .
내게 감동을 줘서 고마워. 계속해서
보드도 타고, 웃으며 살자!
사랑과 존경을 담아,

– 발레리아

Dear Doyoung,

Here is a note from someone who
discovered longboard dancing
by watching your video and
her world was never the same.
It's unbelievable how passion
changes our own life and
touches lives of others. Thank
you for touching mine.
Keep rolling, keep smiling!
With love and admiration,
Val

Portugal 10.06.2020

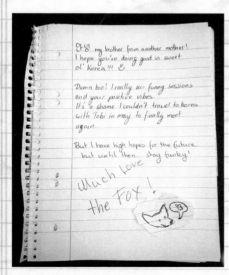

안녕 my brother from another mother!
I hope you're doing good in sweet
ol' Korea !!! ♥

Damn bro! I really our funny sessions
and your positive vibes.
It's a shame I couldn't travel to Korea
with Tobi in may to finally meet
again.

But I have high hopes for the future
but until then, stay funky!

Much Love
the FOX !

엄마는 다르지만, 진짜 형제가 된 도영,
한국에서 잘 지내고 있겠지?
우리 함께 즐겁게 보드 탔던 것과 너의 긍
정적인 바이브가 정말 그리워! 올해 5월
에 토비랑 가기로 한 한국여행을 못하게
되어 너무 아쉽다.
그치만 빠른 시일 내에 꼭 다시 만날 수 있
을 거야. 그때까지 펑키하게 잘 지내!
큰 사랑을 보낼게!

– 마샬(여우)

CRISIS

넌 범죄를 저질렀어!

베를린, 독일

시간은 흐르고만 있는데, 이거 안 되는지 알았냐 몰랐냐, 너 잘못했다, 사나운 눈빛을 발사하는 등 도움 안 되는 행동만 하는 거였다. 다급한 마음으로 그러면 내가 무엇을 어떻게 하면 되겠냐고 물었다.

유럽에서 다시없을 좋은 시간을 보내고, 남미, 브라질로 떠나는 날이 찾아왔다. 어느덧 4개월이나 여행을 했구나, 라는 생각이 드니 감회가 남달랐다. 이제는 정말 나와 가깝다는 생각이 드는 유럽, 유럽 땅을 떠나는 아쉬움, 남미로 떠난다는 생각에 들뜨고 설레는 마음, 브라질이 위험하다는 말을 수없이 들었기에 생기는 두려움, 이 모든 게 뒤섞여 알 수 없는 감정이 휘몰아쳤다. 하지만 나는 멈출 수 없었다. 계속 나아가야 했다. 유럽 역시 처음엔 낯설고 두렵지 않았던가. 지금은 유럽이 날 사랑한다는 느낌을 받듯이, 남미도 날 마음에 들어할 거라며 안심시켰다.

라트비아 리가 공항에 도착해서 순조롭게 수속을 마쳤다. 경유할 때

체크인 수하물을 찾지 않고 브라질에서 찾는 걸 직원에게 두 번, 세 번 확인한 후, 비행기에 올라탔다. 대륙이 달라지는 만큼 더 확실히 체크해야 했다. 꽤나 익숙해진 비행 후 프랑크푸르트에 도착했다. 아! 독일이구나. 독일에서 만난 이들이 떠오르며 기분이 좋아졌다. 경유시간이 4시간이었지만, 공항에서도 할 수 있는 건 많으니까 상관없었다. 오히려 남미까지의 긴 비행시간을 고려했을 때, 적당한 휴식을 취할 수 있어 좋았다. 다음 비행기를 확인하려고 전광판을 보았지만, 아직 오랜 시간이 남아있어서 그런가? 내 비행기 편은 화면에 뜨지 않았다.

결국 비는 시간을 알차게 채우기 위해 콘센트가 있는 편한 자리를 찾은 후, 노트북을 켜고 글을 쓰기 시작했다. 어느 정도 시간이 지났을까? 굳은 몸을 풀고자 가볍게 스트레칭을 하고, 비행기를 확인하러 전광판을 보러 갔다. 내 눈을 의심했다. 보딩 타임이 50분도 남지 않았다! 얼마나 집중했던 것일까? 문제는 프랑크푸르트 공항엔 또 하나의 터미널이 있고, 내가 타는 비행기는 다른 터미널에서 타야 했던 것이다.

영국에서 러시아 갈 때, 환승을 거기서 그대로 했기에 방심했다. 유럽 내에서 이동하는 비행기도 아니고, 유럽에서 남미로 가는 비행기인데 놓칠 수도 있다는 생각에 급하게 자리를 박차고 달려갔다. 심장이 쿵쾅쿵쾅 뛰었다.

터미널을 나가 버스를 찾았다. B섹션으로 가야 하는데, 그 터미널로 향하는 버스가 맞냐고 기사님에게 묻고 탔다. 버스는 바로 출발하지 않았다. 정해진 시간에 출발하는 것이라 급박한 나를 신경써줄 리가 없다. 1초 1초 흐를 때마다 입안이 바싹바싹 말라갔다. 간신히 출발한 버스, 대체 얼마나 가야 다른 터미널이 나오는지 알 수 없으니 긴장감은 시간이 흐를수록 커져갔다. 남미여행에 앞서 주춤했던 마음은 어디로 사라졌는지, 반드시 남미로 가고 싶었다.

버스가 멈추고 문이 열리자 나는 쏜살같이 달렸다. 내가 달린 것인지, 내 다리가 날 이끈 것인지 모를 정도로 역대급으로 열심히 뛰었다. 티켓은 이미 있으니 체크인 필요 없이, 출입국 심사를 향해갔다. 줄이 길게 서있었다. 발을 동동 구르며, 내 차례를 기다렸다. 여권을 내밀며, 빠른 통과를 기대한 내게 공항 직원은 생각지도 못한 무서운 말을 건넸다.

"You made a criminal(넌 범죄를 저질렀어)."

이유인즉슨, 쉥겐조약*을 지키지 않았다는 것이다. 반 년 이내에 90일까지는 조약 내 유럽 국가에서 지낼 수 있는데, 나는 93일을 있었다는 것이다. 내가 쉥겐조약을 몰랐던 것은 아니다. 그걸 알기에 스페인에서 아프리카, 모로코로 1주일간 여행을 하려 했던 것이기에. 그러나 다친 탓에 가지 못했고, 스페인에서 3일을 지체했던 것 같다. 사실, 기간 세는 것도 잊었었다.

그러나 마지막 쉥겐조약 여행 국가였던 스페인에서 무사히 빠져나왔고, 비쉥겐국가인 영국, 러시아 공항에서 아무 문제없이 입국할 수 있었고, 여행을 이어갔었다. 그리고 라트비아는 쉥겐국가지만 양자협약을 우선시하기에, 들어가고 나오는 데도 문제가 없었다.

하필이면 그저 경유할 뿐인 독일에서 이 문제를 붙든 것이다. 스페인에서도, 라트비아에서도 아무 문제없었던 것을 어째서 경유국에서 나무라는지 답답했다. 이미 보딩타임은 임박했고, 이륙이 30분도 남지 않은 시점이었다.

시간은 흐르고만 있는데, 이거 안 되는지 알았냐 몰랐냐, 너 잘못했다, 사나운 눈빛을 발사하는 등 도움 안 되는 행동만 하는 거였다. 다급한 마음으로 그러면 내가 무엇을 어떻게 하면 되겠냐고 물었다.

나를 잠시 노려보더니, 절차에 따라야지, 라며 근처 사무실로 날 데려갔다. 그 남자는 한 여자에게 다가가더니, 내 상황을 설명하는 듯했다. 조금 멀리 떨어져있기에 대화를 듣진 못했지만, 그 남자가 내게 "You are lucky"라고 하며 통과해도 된다고 했다. 우리나라 여권 파워였을까? 어떻게 해결된 건지는 알 수 없었지만(그건 중요치 않았다), 가까스로 비행기를 탈 수 있었다. 정말 끔찍했던 1시간이었다. 수명이 한 움큼 깎였을 것이다. 남미는 가는 것부터가 위험했다. 남미에 발을 디뎌서는 과연 어떤 일들이 펼쳐질지 벌써부터 걱정이 앞섰다.

* 유럽 내 쉥겐조약에 속해있는 나라들은 반 년(180일)에 90일 동안 별도의 비자나 여권 없이 유럽을 자유롭게 여행할 수 있다. 예전엔 중간에 쉥겐조약 이외의 유럽 나라를 들렀다 들어오면 새로 카운트했지만, 지금은 소용없다. 가능한 한 지키며 여행하는 게 안전하다.

칼 든 강도들에 둘러싸여

보고타, 콜롬비아

그때였다. 누군가 뒤에서 달려들었다. 순식간에 나를 벽으로 밀쳤다. 다음 순간 사방에서 강도들이 튀어나와 나를 둘러쌌다. 5명의 강도는 손에 칼을 쥐고 있었다. 칼을 흔들며 위협했다.

  콜롬비아에 온 지 3일차가 되었다. 3일은 길다면 긴 시간이고 짧다면 짧은 시간이다. 그러나 누군가에게 큰 일이 일어나기에 충분한 시간이기도 하다. 남미에서의 여행이라면 흔히 일어날 법한 이야기이다. 그리고 남이 아닌 실제 내게 일어난 일이다. 이야기를 위해 시간을 돌려본다.

  콜롬비아, 보고타에 착륙한 비행기. 창문을 통해 하늘을 보니 파랗다. 반가웠다. 페루의 회색 하늘만 보다 파란 하늘을 다시 만나니 이제야 제대로 된 여행을 하는 기분이었다. 공항에서 20불만 간단히 환전해 택시비를 마련해 카롤리나(Carolina)의 집으로 향했다. 집에 도착하니 이미 어둑해진 저녁 7시. 처음 만난 카롤리나와 이야기를 나눴다.

처음 연락이 되었을 땐 함께 보드 타자는 이야기를 했었다. 보고타에 는 평지를 즐기는 롱보더들이 많지 않아 카롤리나는 목이 빠져라 날 기 다렸다. 그런데 얼마 전에 다리를 다쳐 수술하는 바람에 함께 보드 탈 순 없게 되었다. 목발을 짚고 다니며 우울한 표정을 짓는데, 안타깝기 만 했다. 어쩔 수 없이 보고타에서는 혼자 다니기로 했다. 저녁을 간단 히 먹고, 카롤리나는 일찍 취침, 나는 콜롬비아에서의 계획을 세우기 시 작했다. 도착한 날, 떠나는 날을 제외하면 9일 콜롬비아. 보고타에서 6 일, 메데진이나 칼리에서 3일을 생각했다. 인터넷으로 보고타에서 돌 아다닐 곳을 알아보았다.

1. 황금 박물관
2. 보테로 박물관
3. 볼리바르 광장
4. 몬세라테 성당 가는 길에 그래비티

이 정도 리스트를 만들 수 있었다. 리스트를 만든 후 날씨를 확인했 다. 화요일 구름, 수요일 구름/해, 목금토 비, 일요일 해로 기상예보가 나왔다. 일요일엔 차 없는 거리라 보드 타기 좋다길래 보드 타는 날로 확정했다. 화수는 시내를 돌아다니기로 결정한 후 잠들었다. 다음날 아 침을 먹고 부모님에게 연락을 드렸다.

"저 어젯밤에 콜롬비아로 넘어왔어요. 날씨가 좋네요. 별일 없으시죠?"

"응. 별일 없지. 도영이 보고 싶네. 11월이 빨리 오면 좋겠다."

"네! 한국 가야죠! 집에 가야죠!"

"위험하니 항상 조심히 다니고 어서 집에 와."

"네네!!"

이때는 미처 알지 못했다. 조심히 다닌다는 게 내 의지로 되지 않는다는 걸. 남미가 위험하다고 하는데 얼마나 위험한지를. 조심하게 다니라는 말에 당연하다는 듯이 대답한 나. 이미 남미에서 2달 넘게 여행하면서 방심이 싹텄는지도 모른다. 그저 새로운 곳을 본다는 사실에 신나 길을 나서며 카롤리나 보드를 빌려 나왔다. 카롤리나 보드가 내 첫 보드랑 똑같아서였다. 카롤리나가 함께 나가지 못하는 대신, 크루징으로 시내로 가기 편한 길을 알려줬다. 기상예보대로 흐린 날씨였다. 어제 택시비로 환전한 20불을 다 써서, 100불을 가는 길에 다시 환전했다. 길거리에서 파는 콜롬비아 간식을 사먹고, 음료를 사서 크루징 중간에 발견한 공원에서 마시며 여유를 즐겼다.

그런데 이게 웬일? 하늘이 맑아졌다. 콜롬비아의 태양은 내 마음에 쏙 들었다. 여행을 하다 보면 나중에 해야지, 하고 미루면 못하고 넘어가는 게 많다는 걸 깨닫는다. 인생이랑 다를 게 없다. 좋은 날씨에 야외에서 볼거리를 놓쳐선 안 된다, 는 생각이 들었고, 리스트 중에 내 위치에서 가장 가까운 몬세라테부터 가기로 했다. 그 후에 볼리바르 광장을 보면 딱이어서, 콜롬비아가 날 환영해준다며 기뻐했다. 내일 좋다는 날씨가 혹 나빠서 비가 오면 날씨 좋은 유일한 날을 놓치게 되는 거니까. 계획했던 박물관들은 다음날 구경해도 상관없으니까. 실내는 날씨하고는 무관하니까.

고프로로 예쁜 거리들, 사람들을 틈틈이 촬영하고, 가방에 넣으며 움직였다. 지도상 가까이 왔다. 몬세라테 성당은 산 위에 있어서 언덕을 올라가야 한다. 근데 내가 보고 싶은 건 성당이 아니라 그 아래 가는 길에 위치한 독특한 그래비티 벽화가 많은 거리였다. 아르헨티나에서 봤던 그래비티들보다 재밌는 그림들이었다. 가는 길에도 볼거리가 많았다. 사람들도 많았다. 유럽과도, 다른 남미 나라들과도 다른 거리의 느낌이었다. 조금 더 강렬한 느낌이었다. 그렇게 구글맵을 따라 움직였다. 거의 다 온 듯했다. 이제 저 위로 조금 더 올라가면 될 듯싶었다. 큰 차도를 건너 걸어가기에 넓은 길을 찾았다.

조금 이상했다. 차도 하나 차이로 아래는 사람도 많고 붐볐는데, 이쪽 길은 사람이 많지 않았다. 슈퍼도 있고 청소하는 사람도 있었지만, 좀 더 큰 길을 찾으려 옆으로 빠졌다. 옆에 괜찮은 길이 안보이면 내려가야겠다고 생각했다. 그때였다. 누군가 뒤에서 달려들었다. 순식간에 나를 벽으로 밀쳤다. 다음 순간 사방에서 강도들이 튀어나와 나를 둘러쌌다. 5명의 강도는 손에 칼을 쥐고 있었다. 칼을 흔들며 위협했다. 칼도 칼이지만, 광기에 휩싸인 눈빛이 무서웠다. 한 명은 나타나자마자 내 모자와 안경부터 뺏어갔다. 또 한 명은 손에 들린 보드를 가져갔다. 정말 순식간에 일어난 일이다. 난 패닉에 빠졌다.

"Money!!"

나는 시키는 대로 뒷주머니에 있는 돈을 다 꺼내 주었다. 내 오른편 끝에 있는 강도가 칼로 위협하며 휘두르는 것을 보고, 나도 모르게 반사적으로 몸을 뒤로 돌렸다. 치익! 하는 소리가 가방 오른 어깨끈에서 났다. 섬뜩했다. 내가 몸을 안 움직였으면? 어깨를 찔렸을 것이다. 다른 강도들이 달려들어 가방을 뜯어내며 가져갔다. 입고 있던 청재킷마저 뜯어갔다. 물건들을 3명이 가져가고, 2명은 조금 더 위협하다가 떠났

다. 다음 순간, 나는 소리를 지르며 그들을 쫓아갔다. 왜 그랬을까? 순간 정신이 나간 걸까? 뒤쫓아가는 내게 강도가 보드를 던졌다. 더 쫓으면 큰일 날 것 같았다.

"Help me!!"

나는 외치며 그 자리를 벗어나 내려갔다. 그런데 위기는 끝난 것이 아니었다. 소란을 알아챈 마을 사람들의 움직임이 이상했다. 올라올 때 안보였던 이들이 나타나고, 날 둘러싸려 하는 게 보였다. 올라오던 길 음료를 샀던 선한 인상의 구멍가게 주인아저씨도 강도로 돌변했다. 마을 전체가 강도단으로 변한 것이다. 분명 방금 전까지 나와 인사를 나누던 사람들이었는데, 소름이 돋았다. 보드도 보드고, 혹시라도 내가 뺏기지 않은 게 있는지 생각했던가보다. 심장이 쿵쾅쿵쾅 빠르게 뛰었다.

그들 틈을 피해 간신히 달려갔다. 살기 위한 발버둥이자 발악이었다. 약 20미터 정도 내려가니 큰 차도가 보였다. 달려오는 차를 무시하고,

찻길로 달려들었다. 차들이 빵빵거렸다. 그렇게 위험에서 벗어났다. 차도 하나를 사이에 두고 아래는 사람이 붐비고, 경찰들이 많이 보였기에. 너무 놀란 나는 안심할 수 있는 구역임에도 불구하고, 계속해서 발을 움직일 수밖에 없었다. 잠시도 멈출 수 없었다. 그럴 리 없지만, 지나가는 사람들이 갑자기 돌변할까봐 겁이 났다. 그렇게 간신히 집에 들어왔다. 멘붕이 왔다. 온몸의 떨림은 멈출 줄 몰랐다.

하필이면 어쩌다 카롤리나가 다리를 다쳐서 혼자 다녀야 했을까?

하필이면 보고타의 파란 하늘에 설레었을까?

하필이면 기상예보가 다른 날들은 비로 되어 있었을까?

하필이면 그 길로 들어섰을까?

하필이면 보고타에 내가 봐야 할 선택지가 그거였을까?

하필이면 집 나서기 전에 평소 잘하던 가방정리를 안했을까?

하필이면? 그게 아니다.

어쩌면 한 번은 겪어야 하는 일이었는지도 모른다. 정황상 모든 일들이 꼬였고, 내 부주의가 이런 일을 만들어냈다. 어쩌면 남미가 내게 고약한 심보를 부린 건지도. 그럼에도 불구하고 난 살았다. 나를 잃지 않았으니 다행이다. 일단 살았다는 그 자체가 중요하다. 이 달갑지 않은 경험으로 나는 삶에서 무엇이 정말 중요한지를 다시 한 번 깨닫게 되었다.

빼앗긴 것 : 여권, 국민카드, 하나카드2개, 고프로, USB, 보조배터리, 휴대폰 케이블, 안경, 도수 맞춘 선글라스 2개, 여행하며 틈틈이 쓴 노트, 책 한 권, 셀카봉, 입고 있던 옷, 현금 등등

빼앗기지 않은 것 : 빌린 보드, 가장 중요한 나 자신

트라우마에 시달리다

보고타, 콜롬비아

"콜롬비아에 여행 와서 강도를 당하다니, 내가 대신 사과할게."

    강도를 당한 뒤, 한참이 걸려서야 카롤리나의 집으로 돌아올 수 있었다. 집에서 쉬고 있던 카롤리나는 내 행색을 보더니 깜짝 놀랐다. 하얗게 식겁한 내 얼굴, 나갈 때와 완전히 달라진 나를 보고는 도대체 무슨 일이 있었던 거냐며 물었다. 강도 당한 이야기를 듣고는 혀를 내두르며 그 동네가 특히 위험하다고 미리 말해줬어야 했는데, 하면서 몹시 미안해했다.

    "콜롬비아에 여행 와서 강도를 당하다니, 내가 대신 사과할게."

    하지만 이미 벌어진 일이고 돌이킬 수 없는 일이다. 나는 놀란 가슴을 가라앉히기 위해 따뜻한 물에 샤워를 하고는 억지로 잠을 청했다.

    다음날 아침, 경찰서에 가서 신고하기로 하고는 집을 나섰다. 그리고 난 곧 깨달았다.

    세. 상. 이. 변. 했. 다.

놀라웠다. 오늘 만난 세상은 180도 달라져 있었다. 하루 전만 해도 따뜻하고, 파란 하늘, 아름다운 풍경에 사람들은 친구 같은 느낌이었는데, 지금은 길에 지나다니는 모든 이들이 날 위협하려는 것만 같았다. 공포로 온몸이 떨렸다.

단 한 번의 강도 경험이 이렇게 큰 영향을 끼치다니 놀라웠다. 차라리 밤에 강도를 당했다면, 괜찮았을까? 밤 시간에는 조심하더라도, 낮에는 즐거운 마음으로 돌아다닐 수 있지 않을까? 대낮인데도 무섭기만 했다. 머리끝부터 발끝까지 신경이 곤두섰다. 지나다니는 사람들의 작은 손짓과 발짓에도 흠칫했다. 그들이 갑자기 돌변해서 나를 공격할 것만 같았다. 생각은 꼬리에 꼬리를 물고 나는 더 예민해졌다. 식은땀이 등줄기를 타고 주르르 흘러내렸다. 집 나온 지 몇 분 지나지 않아, 다시 안전한 집으로 돌아가고 싶었다.

문득 어떤 기억이 떠올랐다. 몇 년 전 친한 여동생에게 위험한 일이 일어났다. 여자 둘이 사는 집에 누군가 문을 열려는 시도를 했다. 삐빅! 비밀번호를 누르는 소리가 들렸고, 심지어 띠리링! 하고 풀리는 소리까지 들렸다. 다행히도 언니가 튀어나가 안쪽에서 걸 수 있는 문을 잠갔다. 간발의 차였다. 범인은 위층에 살던 남자였고, 인터폰 화면으로 웃옷을 벗고 있던 그를 보았기에 경악하지 않을 수가 없었다. 그들은 경찰에 신고를 했고, 결국 그 집에서 살지 못하고, 부모님이 계신 집으로 돌아가서 살게 됐다.

그때 그 여동생은 몇 주 동안 반복해서 이 사건을 이야기했다. 처음에는 나도 놀라서 안정시켜주려 노력했으나, 반복된 이야기에 지쳐 아무 일 없었으니, 앞으로도 괜찮을 거라고 가볍게 말했다. 엘리베이터에 혼자 탔을 때 모르는 남자가 타는 것만으로도 무서워 아예 내린다는 말에 솔직히 약간 오버하는 것 같다고 생각했다. 하지만 내가 직접 위험한 상황을 겪고 나니, 이제야 여동생의 마음을 헤아릴 수 있을 것 같았다. 얼마나 무서웠을까. 당시 더 다독여주지 못했던 사실에 미안한 마음이 들었다.

두려움과 공포로 잔뜩 쫄아든 채 간신히 경찰서에 도착했다. 카롤리나의 도움을 받아 사건에 대해 에스파뇰로 적은 종이를 경찰에게 들이밀었다. 기다리라는 손짓에 자리에 앉아 기다렸다. 처리해야 하는 일들과 먼저 온 사람들도 있었지만, 영어를 할 줄 아는 사람을 찾고 있어서 오래 걸렸다.

마침내 영어를 할 줄 아는 사람이 왔고, 사건 경과에 대해서 자세히 말을 했다. 상황을 알게 됐지만, 범인을 잡을 수는 없을 거라 했다. 영어를 할 줄 모르는 경찰이 내게 미안하다고 했다. 콜롬비아에 여행 온 지 하루 만에 이런 불상사가 생겼으니….

"Small money in the pocket!"

또 다시 강도를 당하지 않으면 좋겠지만, 혹시 모르니 현금은 조금만 가지고 다니라는 말을 건네며,

"Safe travel."

남은 여행 부디 안전하길 기원해주었다.

집에 돌아와 인터넷이 되니, 휴대폰에 갑자기 페이스북 메시지와 카카오톡이 쏟아졌다. 세계 각지에서 무슨 일이냐, 괜찮으냐, 돈이 필요하지 않느냐, 하는 응원과 도움의 메시지들이 가득 도착해 있었다. 특히 이번 여행을 시작하면서 만난 많은 친구들이 내 안부를 물어주고 걱정

해줘서 위로가 되었다. 비록 강도를 당하긴 했지만, 여행을 통해 만난 소중한 이들이 내 곁에 있다는 것을 상기시켜줬다.

나는 이번 일로 트라우마에 빠졌다. 하지만 단 한 번의 불미스러운 사건으로 모든 사람을 두려워해선 안 된다는 것도 알게 되었다. 운이 나빠서, 그리고 나의 부주의로 인해 당한 일이다. 그 때문에 나는 패닉에 빠졌고, 두려운 감정에 사로잡혔지만, 현실 속 모든 사람들이 내게 위협을 가하고, 가진 것을 뺏으려 하진 않는다. 그동안 여행을 하면서 얼마나 많은 사람을 만났는가. 얼마나 많은 사람들에게 도움을 받으며 여행을 해왔는가. 게다가 그 중 대부분은 처음 본 사람들이지 않은가.

내가 두려움을 느끼는 것은 당연한 일이지만, 나를 걱정하고 응원하는 이들이 더 많다는 것을 확인했으니 조금만 용기를 내보자. 앞으로도 여행은 남아있으니…. 그러다 문득 든 생각. 위험하다고 소문 난 남미에서 내게 주는 마지막 미션인가? 어디서도 못해본 경험을 했으니 남미에서 남은 20일 동안 두려움을 극복하고, 더 적극적으로 여행해보라는 미션. 그리고 안전히 돌아가라는 미션 말이다.

이번 강도 사건 덕분에 힘든 일을 겪은 사람에 대한 이해심이 더욱 깊어지고, 직접 경험하지 않은 위험에 대해서 속단하지 않게 되었으니, 그것 하나로 위안삼아도 될 일이다.

하지만 무엇보다도 더는 위험한 일을 겪지 않았으면 좋겠다. 혹시 위험한 일을 겪더라도, 힘내서 이겨낼 수 있기를 바란다.

왜 안 좋은 일은 연속으로 일어날까?

보고타, 콜롬비아

세상은 내게 작은 행복에 감탄하고, 기뻐하고, 크게 받아들이라 한다. 그것을 통해 작고 큰 불행과 고통을 견뎌내게 하는 것이다. 치사하고 짜증나지만 익숙해졌다 싶은 아픔 말고 또 다른 종류의 아픔이 내게 찾아온다는 걸 받아들였다. 그건 때때로 배고픈 승냥이 떼처럼 달려든다.

강도 사건의 충격이 채 가시지 않았지만, 콜롬비아에 있는 롱보더들과 보드를 타기로 했다. 사람으로부터 받은 마음의 상처는 사람에게서 치유해야 한다는 말을 믿고 싶었다. 믿어야 했다. 같은 취미를 즐기는 사람들을 만나는 거라서 좀 더 쉽게 용기를 낼 수 있었다. 콜롬비아는 특히 다운힐 장르가 유명하기에, 내가 평소에 하지 않는 장르인 프리라이딩과 다운힐(내리막길에서 롱보드를 타는 장르)을 하는 스팟에서 모였다. 어린 시절 소풍으로 산을 오르던 추억이 소환되는 그런 장소였다. 예전엔 산에 올라 글짓기나 그림을 그리곤 했는데, 이젠 보드를 타다니 감회가 새로웠다.

　경사가 있는 내리막인 만큼 보호대는 필수였다. 세계여행하면서 혹시나 싶어서 챙겼던 보호대를 드디어 써볼 기회였다. 콜롬비아 친구들처럼 맨 꼭대기에서 속도를 살려 내려오는 것은 무리였다. 탈 만하다고 생각한 중간에서부터 차분히 오랜 시간 근육들을 풀고, 조심히 타기 시작했다. 다운힐 프리라이딩을 하는 스팟에서, 프리스타일 댄싱(평지에서 기술을 하는 장르)을 하면서 내려오니 로컬 보더들이 신기한 눈으로 날 쳐다보았다. 사실은 내가 프리라이딩 슬라이드류를 거의 못하기에 어쩔 수 없이 평지기술들을 했을 뿐이었다. 같은 보드를 다르게 즐기는 내 모습이 기꺼웠을까? 로컬보더들이 웃으며 내게 다가왔고, 그렇게 그들의 분위기에 녹아들었다.

　너무 신났던 게 문제였는지, 함께 하는 이들이 너무 쉽게 내리막을 타서 착각했는지, 조심하고 또 조심했어야 하는 내리막인데, 한순간 실수를 하고 말았다. 레이디 킬러라는 슬라이드 기술을 하던 중 몸과 팔이 꼬인 채로 허공을 날았다. 꼬인 자세 그대로 바닥으로 떨어지면서, 팔꿈치에 충격이 몰렸다. 평소에도 보드 타다가 많이 넘어져봤기에 이번엔 심상치 않다는 것을 알았다. 큰일이었다. 스팟에 있던 보더들이 보호대

벗기는 것을 도와주고, 아이싱을 해주었다.

　도저히 안 되겠어서 집으로 돌아갔다. 통증도 통증이지만, 서서히 팔이 부어오르기 시작했다. 팔을 굽히기가 힘들었다. 강도를 당한 지 며칠이나 지났다고, 보드 탄 이후로 가장 크게 다치기까지 하다니…. 엎친데 덮친 격이라는 말이 딱 들어맞았다. 그러고 보니 안 좋은 일이 생기면, 연이어 안 좋은 일이 닥치는 경험을 많이 했다. 이것은 내 삶에 다시 없을 여행을 하는 중에도 변하지 않는 법칙이었다. 하늘은 감당할 수 있는 만큼의 고통만을 준다는 법칙도 있으니, 믿을 수밖에.

　카롤리나는 날마다 사고를 당하고 오는 나를 걱정스레 바라보았다. 이런 사고뭉치는 처음 봤을 거다. 하지만 아파도 움직일 수 있으면 부러진 건 아닐 거라고 위로를 해주며, 냉찜질할 거리들을 주었다. 팔도 고정시켜줬다. 며칠간 냉찜질을 했지만, 생각처럼 괜찮아지지 않았다. 내 여행은 이렇게 끝인 걸까? 라는 생각마저 들었다. 해외는 병원비도 비싸고, 심지어 콜롬비아는 예정된 나라가 아니었기에, 여행자보험이 적용되지도 않았다. 며칠 참고서 페루에 다시 가는 수밖에 없었다.

　앞에서도 언급했지만 페루 리마에서 친구 밥이 처음 데려간 병원은 내게 믿음을 주지 못했다. 밥에게 부탁해 두 번째로 간 큰 병원에서 엑스레이를 찍어봤는데, 의사는 크게 다친 게 아니라고 했다. 4~5일 약 먹으면서 쉬면 괜찮아질 거라 말한 그는 '명백한' 돌팔이였다.

　4~5일은 무슨…. 몇 주간이나 불편한 팔꿈치를 참아가며, 사막도 가고, 미국여행, 홍콩여행을 마치고 한국에 돌아왔다. 시간이 흘러 처음처럼 아프진 않았지만, 걱정이 되어 병원을 찾아갔다. 진료를 제대로 받아보고 싶었다. MRI 찍기 전 X-ray만 찍어봤는데도 의사선생님이 말

씀하셨다.

"X-ray에서 여기 팔꿈치 끝 부분 보세요. 선 보이시죠? 그때 이미 부러졌던 거네요."

어쩐지 아프더라니, 1주일이면 낫는다는 팔이 한 달이 훌쩍 넘어도 낫지 않더라니, 내 몸의 통증은 거짓이 아니었다. 슬프게도, 페루 의료에 대한 불신만 남았다.

지금껏 수도 없이 겪었지만, 대체 왜 안 좋은 일은 겹쳐 오는 건지 모르겠다. 분명한 건 겹경사보다는 첩첩산중이, 설상가상이 더 많이 찾아온다. 적어도 나에겐 말이다. 그리고 그 수많은 위기들을 견뎌내며 지금까지 꿋꿋이 살아온 나 자신이 스스로 대견하다. 팔이 골절된 채로도 여행을 즐기다 왔으니….

아직 인생을 잘 알지 못하는 나이지만, 세상이 내게 배우도록 강요하는 게 하나 있다. 세상은 내게 작은 행복에 감탄하고, 기뻐하고, 크게 받아들이라 한다. 그것을 통해 작고 큰 불행과 고통을 견뎌내게 하는 것이다. 치사하고 짜증나지만 익숙해졌다 싶은 아픔 말고 또 다른 종류의 아픔이 내게 찾아온다는 걸 받아들였다. 그건 때때로 배고픈 승냥이 떼처럼 달려든다. 이런 아픔은 처음이지 않냐고 덤빈다. 그럴 때마다 약 올라 미치겠지만, 속으로 다짐하고 만다. 절대로 안 질 거야. 그리고 작고, 소중한 내 행복들을 깊이 아껴줄 거야.

LA에선 늘 있는 일이야

로스엔젤레스, 미국

도로와 인도에 쓰러져 있는 사람들을 발견했다. 부랑자들과 무법자들이 지내는 구역이었다. 어둑한 새벽에 만난 그들은 영화에서 보던 좀비와 같았다. 걸음걸이마저 휘적휘적하니, 순식간에 빠른 속도로 우리를 잡을 것만 같은 공포에 휩싸였다. 다리가 터져라 보드를 타며, 길도 모르면서 앞서가는 날 보며 아리가 휘파람을 불었다.

미국여행을 간다면 주변에서 부러운 반응을 보이겠지만, 내게는 그리 끌리는 곳이 아니었다. 어쩌면 내가 카투사로 미군들과 함께 군생활을 해서일지도 모른다. 탱커, 전차병으로 미군들과 서로 욕을 내뱉으며 신경전을 벌인 적이 많았기 때문이다. 미국을 생각하면 그때 기억에 스트레스가 돋는다. 굳이 미국을 여행할 필요가 있을까 싶었다. 하지만 여행이 어떻게 흘러갈지는 여행하는 당사자도 알 수 없는 일이다.

아시아, 중국에서부터 시작해 서유럽, 동유럽, 남미를 지나 나의 여행은 자연스레 미국으로 향하게 되었다. 남미여행 후 한국으로 바로 돌아갈 것도 아니었고, 바로 돌아가는 티켓을 산다 해도 가격이 너무 비쌌다. 미국행 편도와 미국에서 한국행 티켓 2장을 사는 것과 한국행 티켓 1장만 사는 것, 그 둘 사이에 가격 차이가 없었다. 거의 공짜 티켓이나 다름없으니 누구라도 미국행을 선택할 것이다.

스케이트보드, 롱보드는 미국에서 시작되었다고 한다. 하와이 서퍼들이 육지에서도 서핑을 하고 싶어서 만들었다. 내가 처음 구입한 보드 역시 캘리포니아에서 나온 로디드라는 브랜드의 탄티엔, 사마였다. 롱보드 타던 초기에 봤던 멋진 영상들을 만들어낸 브랜드. 로디드가 있는 곳은 LA이다. 그리고 난 그 영상의 주인공 중 한 명인 아리(Ari)의 집에서 지내게 되었다. 유럽에서 신세를 졌던 디니카와 아는 사이였기에, 그리고 디니카의 남자친구 제임스와도 친하기에 자연스럽게 연결이 되었다. 여행을 하다 보면, 신이 정해준 것마냥 순조로울 때가 있다. 이때가 그랬다.

페루에서 비행기를 타고 LA공항에 도착. 아리는 공항으로 나를 마중 나왔다. 나를 위해 차까지 빌려서 와주었다. 공항에서 나오니, 나를 반기는 태양과 하늘. 페루, 리마와는 딴판인 날씨였다. 과연 1년 내내 좋은 날씨를 가진 LA다웠다. 생각만 해도 스트레스 돋는다던 나라가 날씨 하나에 순식간에 살고 싶은 나라가 되어버렸다. 나는 미국여행 20일 중에서 2주 가까이를 아리와 함께 보냈다. 제임스가 있는 샌프란시스코 또한 가보려 했지만, 아리가 같이 가자고 했던 캠프가 있어 LA 한 곳만 길게 여행했다.

아리의 직업은 DJ이다. 아리는 일 덕분에 다양한 바, 클럽, 고층건물 옥상에서 벌어지는 파티 등을 즐겼다. 집에서 DJ 라디오 방송을 하는 것도 지켜봤다. DJ의 삶을 옆에서 함께 하는 것은 색다른 재미였다. 아리의 DJ 일이 끝나고 새벽녘, 모두가 잠든 시간. 도로에 차가 거의 없고 도시가 텅 빌 때, 우리는 도로 한가운데서 롱보드를 타고 한 시간 가까이 질주했다. 모두가 잠든 깊은 밤 도심을 가로지르는 크루징은 황홀했다. 아리가 짜준 코스대로 가니, 오르막길은 거의 없고, 내리막길들을 활용해서 도시를 놀이기구 삼았다. 내가 좋아하는 크루징 중에서 내 생활리듬과는 맞지 않아 평소 하지 못했던 야간 시티크루징을 LA 도심에서 멋지게 즐기다니. 우리는 망나니처럼 소리를 질렀다. 나와 아리의 목소리는 LA도심 곳곳에 스며들었다.

마냥 신날 수는 없는 것일까? 크루징 중 어느 골목을 지나갈 때 아리가 경고했다.

"이 구역은 위험한 곳이니까, 최대한 빨리 지나가야 해. 알겠지?"

우리는 곧 도로와 인도에 쓰러져 있는 사람들을 발견했다. 부랑자들과 무법자들이 지내는 구역이었다. 어둑한 새벽에 만난 그들은 영화에서 보던 좀비와 같았다. 걸음걸이마저 휘적휘적하니, 순식간에 빠른 속도로 우리를 잡을 것만 같은 공포에 휩싸였다. 다리가 터져라 보드를 타며, 길도 모르면서 앞서가는 날 보며 아리가 휘파람을 불었다. 그 휘파람 소리가 좀비를 소환하는 것 같아 더욱 무서웠다. 공포영화가 러닝타임이 정해져 있듯, LA의 위험한 구역도 결국 다 지나왔다. 이제 LA에서 살 떨리는 위험한 시간은 없으려나. 스릴 넘쳤던 LA 야간 크루징의 기억은 그렇게 강렬하게 새겨졌다.

다음날 늦은 아침, 아리가 좋아하는 부리토 가게에서 부리토를 먹고 오는 길에, 자동차 한 대를 만났다. 우리는 그저 우리 갈 길을 가고 있었다. 그런데 그 차에 타고 있던 두 명의 미국인은 우리가 마음에 안 들었나보다. 기분이 안 좋았을 수도 있고, 앞에서 보드 타고 알짱거리는 우리가 거슬렸을 수도 있다. 그들은 창문을 내리고 우리에게 욕을 했다. 그러자 아리는 양손 모두를 이용해 욕으로 대응했다. 화가 머리끝까지 치민 그들은 바로 속도를 올려 우리를 따라왔다. 차를 옆에 세웠지만, 보드를 타고 있던 우리는 그들을 지나쳤다. 다시 차를 탄 그들은 예상되는 경로에 먼저 가서 급히 차를 세웠다. 그런데 차를 세운 곳은 메트로가 다니는 길이었고, 하마터면 메트로에 차가 치일 뻔했다. 조수석에 있던 미국인은 잽싸게 내려서 우리를 잡으려고 했지만, 인도 턱에 발이 걸려 슈퍼맨 자세로 붕 뜨면서 마침내 바닥에 콰당 넘어지고 말았다. 우리는 우리의 길을 갈 뿐이었다. 아무 일도 아니라는 듯 아리가 말했다.

"Typical LA(LA에선 늘 있는 일이야)."

집에 돌아온 아리는 신나서 페이스북에 방금 겪은 일을 올렸다. 웃고 떠드는 그를 보니 난 확실하게 LA를 경험한 게 맞나보다. LA에 도착하면서 했던 생각. 여기 살고 싶다, 는 완전히 잊혀졌다. 너무나 즐겁게 놀았던 LA지만, 부랑자도 많고 위험한 일들이 많이 일어나는 이곳은 내가 살 곳은 전혀 아니었다. LA는 그저 여행으로 충분한 곳이었다. 새삼 우리나라의 치안이 그립다.

FESTIVAL

So you can longboard dance

에인트호번, 네덜란드

한 명, 한 명의 런에 환호를 해주고 응원하기 바빴다. 누군가 실패하면, 당사자가 아닌데도, 친분이 있는 것도 아닌데도, 다들 안타까워했다. 또 누군가 성공하면, 성공했을 때의 짜릿함이 모두에게 전해졌다.

드디어 목이 빠져라 기다리던 'So you can longboard dance(이하 쏘유캔)'의 날이 왔다. 내 입에서 "미쳤다"는 말을 하루 온종일 하게 만드는 장소이자 롱보드를 좋아하는 사람들이 모인 곳, 쏘유캔. 쏘유캔이 무엇인지 호스트 비앙카(Bianca)의 말을 빌려 소개한다.

"쏘유캔은 이제 세계적으로 알려진 롱보드 행사예요. 네덜란드 에인트호번의 클로커바우(Klokgebouw)에서 열리죠. 그 건물 관리자가 제게 거기서 행사를 진행하고 싶다면 사용해도 좋다고 말했어요. 뜻밖의 고마운 제안에 고민하던 저는 겨울에 하루만 보드를 타겠다고 했죠. 유럽은 겨울에 비가 많이 오고 추워서 보드를 타기가 힘들거든요. 그런데 실내에서 따뜻하게 보드를 탈 수 있다니, 다들 얼마나 좋아하겠어요. 게

다가 네덜란드와 벨기에 보더들이 모여서 대회를 하면 더 재미있을 거라는 생각이 들었어요. 실제로 뚜껑을 열어보니 프랑스, 스페인, 독일에서도 찾아왔고, 해가 지날수록 미주와 아시아에서까지 찾아오는 세계적인 행사가 돼 버렸죠. 지금 생각해도 신기한 일이에요. 이 행사를 하면서 사람들의 롱보드를 향한 열정과 사랑을 느낄 수 있었어요. 여러 브랜드에서도 즉시 협찬을 해줬고요. 제가 기획을 하긴 했지만, 단지 문을 열었을 뿐이에요. 이 행사에 참여한 사람들이 지금의 쏘유캔을 만들어낸 거죠."

비앙카는 자신의 말대로, 전세계 롱보더들이 모여서 즐길 수 있는 쏘유캔의 문을 열었고, 지금은 그 문을 열고 찾아온 수많은 롱보더들 덕분에 롱보드 월드컵이라 불릴 정도의 큰 행사가 되었다. 세계에는 정말 많은 댄싱/프리스타일 대회가 있지만, 쏘유캔만큼 다양한 국적의 사람들이 한 자리에 모이는 이벤트는 단 하나도 존재하지 않는다. 그래서 더 유니크하다. 이곳만이 지금껏 세계에서 댄싱/프리스타일을 좋아하는 롱보더들의 로망을 충족시켜줄 수 있으니. 롱보더들이 1년 중 이날을 눈 빠지게 기다릴 수밖에 없다.

쏘유캔 하루 전날인 금요일, 알토, 종빈과 함께 기차를 타고 에인트호번역에 내렸다. 역에서 나와 크게 심호흡을 했다. 한 해 전에 왔을 때의 소름과 스릴을 몸의 세포가 기억하는지, 벌써부터 온몸이 떨려왔다. 이 자리에 내가 다시 왔다는 사실이 자랑스럽고, 기특했다. 어서 빨리, 작년에 봤던 친구들, 그리고 새로운 보더 친구들을 만나고 싶은 마음뿐이었다. 최대한 빠르게 알토가 잡아둔 숙소로 달려갔다. 알토가 잡아둔 숙소는 네덜란드 깔끔한 가정집으로, 천장은 높고, 침대는 복층 구조로 되어있고, 창문을 통해 에인트호번 시내가 쭉 보였다. 짧게나마 집을 구경하고, 근처 마트에 가서 서둘러 장을 보았다. 어서 롱보더들을 만나야지, 라는 생각으로 머릿속이 가득 찼다. 서두르자. 웃차. 웃차.

매번 쏘유캔이 열리기 하루 전날인 금요일에는 에인트호번 시내 광장에서 사람들이 프리세션을 가진다. 우리는 그곳으로 쏜살같이 보드를 타고 갔다. 급히 갔기에 쿵쾅거리는 심장은 그리웠던 이들을 만나며, 혹은 영상에서만 보던 보더들을 실제로 만나며, 더 이상 주체가 되지 않았다. 바로 앞에서 마주친 독일 친구들을 시작으로, 스페인, 영국, 프랑스, 대만, 싱가포르, 아르헨티나, 브라질 등 각 그룹들이 한 자리씩 차지하고 있었다. 다들 같은 마음이었음이 틀림없다. 우리는 서로를 발견하자마자 얼싸안고 인사를 나눴다. 함께 보드를 타며 스케잇 게임이 벌어졌다. 쏘유캔은 시작도 하지 않았지만, 우리의 축제는 이미 시작된 거나 다름없었다. 프리세션임에도 작은 이벤트들이 생겼고, 서로 보드 타느라, 가르쳐주고 배우느라, 이야기를 나누느라 여념이 없었다. 해가 지자 몇몇은 열정의 불씨를 꺼트릴까봐 더 보드에 집중했고, 나머지는 함께 세상에서 가장 맛있다는 보드 탄 후 맥주 한 잔을 즐기러 서둘러 떠났다.

쏘유캔 첫째 날이 밝았다. 비스폰 대회가 있는 날이다. 당일 대회를 치르는 이들은 긴장한 얼굴로 대회장 앞에서 문이 열리기만을 기다렸다. 어느덧 시간이 지나 11시쯤 되었을까? 한 사람씩 건물 안으로 들어갔다. 내가 참가할 스폰 대회는 다음날이라 조금은 여유 있게 들어간 대회장은 크게 연습하는 공간과 대회가 펼쳐지는 공간, 두 곳으로 나뉘어 있었다. 연습하는 공간은 환한 조명으로 밝았고, 대회를 하는 공간은 어둡게 최소한의 조명을 켰다. 참가자들이 실제 타는 무대 위주로 조명은 쏘아져있었다. 무대 조명은 보랏빛 계통의 오묘한 색감으로 모두를 두근거리게 했다. 대회장 건물 안으로 들어오기만 해도 두근거리게 만드는 이곳만의 신비로운 분위기가 감돌았다. 공간이 주는 감동은 실제로 존재했다. 이 말도 안 되는 곳에서 평생 잊을 수 없는 이틀을 보낼 수 있다니, 꿈만 같았다.

지쳐서 쉬려고 앉았다가도 다른 보더들의 열정에 동화된 난 다시 엉덩이를 떼고 보드를 즐겼다. 그러다 한 번씩 대회가 진행되는 공간으로 넘어갔다. 현장 분위기는 환호성과 DJ가 틀어준 신나는 음악으로 뜨거웠다. 서로 한 명, 한 명의 런(Run)에 환호를 해주고 응원하기 바빴다. 누군가 실패하면, 당사자가 아닌데도, 친분이 있는 것도 아닌데도, 다들 안타까워했다. 또 누군가 성공하면, 성공했을 때의 짜릿함이 모두에게 전해졌다.

텐션은 끝없이 높아져갔고, 마지막 날이 되었다. 전날처럼 미치게 보드를 타면서도, 대회를 나간다는 긴장감이 온몸을 뒤흔들었다. 스폰 받는 롱보더들만 나오는 부문인 만큼, 레벨은 전날과 판판이었다. 그래서 더 볼거리가 넘쳐났다. 친구들이 보여주는 고난이도의 기술들과 그들만의 스타일은 나로 하여금 미친 듯이 소리 지르게 했다. 어쩌면 다들 이렇게 멋있는지, 난 모두에게 반하고 또 반했다. 아직 대회는 끝나지도 않았지만, 누가 봐도 들뜬 마음이 표정에 확연히 드러난 채 서로 이런 말을 나누었다.

"내년엔 더 대단하겠지? 야, 너도 내년에 또 올 거지?"

"아까 예선 봤는데, 진짜 잘 타더라. 완전 멋있었어."

"여기 미친 거 같아. 미친놈들이 한둘 있는 게 아니라, 싹 다 미쳤어!"

"롱보드 타면서, 여기 온 게 제일 잘한 거 같아. 내년에 내 친구들 데리고 와야겠어."

"도영, 내년에도 너 볼 수 있는 거지? 또 유럽 올 거지?"

나도 진심으로 쏘유캔을 놓치기 싫었다. 단지 내년이 아니라, 매해 계속해서 이 자리에 함께 하고 싶었다. 전에는 영상을 통해서만 봤던 롱보더들이었지만, 세계여행을 다니며, 그들의 도시, 나라에서 함께 여행하며 인연을 맺은 그 모두를 한 자리에서 만날 수 있는 자리가 여기 말고 없으니. 켜켜이 쌓인 그리움을 해소해줄 장소는 쏘유캔이 유일하기에. 수십, 수백 명의 친구들을 한 자리에서 다시 만날 수 있는 곳이 있다는 것은 기적이었다. 세계의 내로라하는 롱보더들이 한 자리에 있다니. 말로 표현할 수 없는 감동이 쓰나미처럼 밀려들었다. 실제로 쏘유캔 대회장에서 내가 가장 많이 내뱉은 말이 "미쳤다, 미쳤어"였다. (사실 나뿐만 아니라 쏘유캔에 온 모두가 공통적으로 하는 말이고, 가장 많이 듣는 말이기도 하다.)

매년 쏘유캔, 이제는 익숙해진 그 장소에 황급히 도착해서 뛰어 들어가며 큰 소리로 "미쳤네! 미쳤어!"라고 외치는 나를 상상해본다. 모두와 부둥켜안고 소리치며 기뻐하는 나와 나처럼 소리치는 많은 친구들과 시원하게 웃으며 놀 수 있다는 상상만으로도 신난다.

날 아껴주며, 소중한 사람들과 사랑으로 채우며 하루하루를 보내고, 내 삶이 저물어갈 때, 이렇게 외치고 싶다. 쏘유캔에서 나도 모르게 수도 없이 외쳤던 말.

"미쳤네, 미쳤어. 나 정말 재밌게 살다가네."

그래. 내 인생도 쏘유캔처럼.

PS. 일요일 모든 대회가 끝나고, 심사위원들이 회의를 하는 동안, 보드 없이, 댄스파티가 펼쳐지는 것도 놓칠 수 없는 포인트이다. 당신이 보더라면, 꼭 한 번 가보기를 추천한다.

난 너희가 긴장하지 않았으면 해.

홈스팟에서 릴랙스한 채로 타던 그대로를 보여줘.

심사위원보다는 친구로 남고 싶어.

– 세계 롱보드 프리스타일 대회에서

너의 파이널 무대가 보고 싶어

에인트호번, 네덜란드

대회 때마다 내 차례가 시작되기 전에 하는 생각이 있다. 실수 없이 내가 할 수 있는 거 최대한 잘해야지! 가 아니다. 이번엔 정말 잘 타서 좋은 성적 거둬야지! 도 아니다. 단지 내가 타는 모습을 보는 다른 사람들이 와! 쟤 진짜 롱보드를 좋아하는구나, 를 느낄 수 있었으면 좋겠다. 그 시간을 함께 즐길 수 있기를 바란다.

이곳은 쏘유캔 현장이다. 다들 이틀 연이은 대회와 오랜 스케이팅으로 지쳐있었다. 그러던 중, 유서프가 모두를 집중시키며 소리쳤다.

"레이디스 앤 젠틀맨, 기다리던 남자 스폰서부 파이널 진출자를 발표합니다! 9명의 파이널 진출자가 있습니다. 첫 번째는 저 멀리 브라질에서 온 브레~~~노!! 월드컵으로 불리는 쏘유캔 다음 파이널 진출자는 어느 나라에서 나올까요? 이번엔 프랑스입니다! 마주쯔 보드의 아부!! … 벨기에 당연히 나와야죠? 크라운보드의 한스!! … 독일도 있죠? …"

이쯤에서 난 불안해졌다. 처음에 당연히 올라갈 줄 알았던 오멘 라이더인 에반스가 안 올라가고 브레노만 불리고, 아부랑 악셀 중 한 명이 불리고, 한스 때도 마찬가지였고, 로피와 맹지 중 로피만 불리고, 세미파이널에 같이 탄 사람 중 한 명만 붙이는 것만 같아서 더 불안했다.

내가 떨어질까 봐 불안한 게 아니었다. 내가 붙을까봐 불안했다. 세계 최정상인 종빈이와 함께 탔는데, 내가 파이널에 올라가게 될까봐 그게 불안했다. 점점 파이널 진출자는 밝혀져 가고, 숫자는 줄어들고 있었다. 불안감이 늘어가고 있었다.

종빈이와 내 이름이 불리지 않은 채, 결국 한 자리만이 남았다.

"마지막 남은 파이널 진출자는 누굴까요? 수퍼 코리안! 당연히 코리안 파이널 올라야죠!"

난 종빈이 옆에 서 있었다. 속으로 빌었다. 부디, 부디, 제발 날 부르지 마라. 종빈이 이름을 불러라. 제발. 하느님 제발요.

"DOYOUNG!!"

유서프가 내 이름을 부르는 순간, 몸에 힘이 쭉 빠져버렸다. 왜? 내가 불린 거지? 종빈이가 나보다 훨씬 나은데…. 왜 우리 둘이 붙어서. 이상하게 눈물이 날 것 같았다. 내 옆에 있던 종빈이는 "형, 축하해요"라고 말했다. 웃고 있었다. "이건 아니잖아"라고 해도 괜찮다 한다. 이제는 마음 편히 보드 타고 맥주 마시면 된다고 한다. 어찌 괜찮을 수 있을까?

발표 후 파이널까지는 시간이 꽤 남아있었다. 그 시간 동안 난 우울했다. 답답하고 짜증이 났다. 보드가 타지지도 않았다. 잘 모르는 보더가 스케잇 게임을 제안해서, 함께 하는데도 오히려 넘어지고 다치기만 했다. 토비가 괜찮냐? 조심하라며 달려왔다. 나의 파이널 무대를 보고 싶다며 걱정을 했다.

잠시 난 구석에 가서 앉았다. 얼마나 혼자 있었을까? 내 이름이 내 귓

가에 들렸다. 누구지? 이스라엘 출신, 현재는 독일 베를린에 거주하는 아후 크루 중 한 명이자 항상 웃는 모어였다.

"Doyoung! What's up? What's wrong?(도영! 뭐해? 뭔 일 있어?)"

나와 마음이 통하는 모어라면, 세상을 즐겁게 멋있게 살아가는 모어라면, 지금 내 심정을 말해도 좋겠다고 생각했다. 그렇게 내 기분을 털어놓았다.

"모어, 내가 파이널에 올라갔어. 근데, 나와 같이 탄 그 누구보다 잘 타는 종빈이가 못 올라갔어. 이게 싫어. 답답하고, 짜증나. 쏘유캔 와서 계속 즐겁기만 했는데, 내가 파이널 올라간 게 슬퍼."

모어는 잠시 할 말을 잃었는지, 조용했다. 잠시 후 생각이 정리된 모어가 말했다.

"도영, 무슨 말하는지, 어떤 느낌인지 알겠어. 나도 마샬이랑 탔으니까."

난 모어가 마샬과 얼마나 친하고 서로를 위하는지 안다. 그 누구보다도 열심히 그들의 런을 응원했다. 그런 모어가 어떤 느낌인지 알겠다고 이해한다고 하는 말이 위로가 되었다. 잠시 말을 끊었던 모어가 말을 이었다.

"근데 난 누가 제일 잘 탄다고 말 못하겠어. 가장 좋아하는 라이더를 꼽으라면 꼽아도, 가장 잘 타는 라이더는 못 꼽겠어. 잘 타는 거? 트릭만 보면 파비오가 나을 걸? 댄싱만 보면 도영이 네가 잘하고, 종빈이는 둘 다 섞어서 잘 타지! 다 다른 거야. 넌 너대로 자격이 있어. 그리고 무엇보다 난 너의 파이널 무대가 보고 싶어. 너무 우울해하지 말고 힘내!"

모어의 말을 듣고 나자, 조금이나마 힘이 생겼다. 여기 있는 사람들은 누가 누구보다 낫다는 게 아니라, 다르다는 것을 받아들일 줄 아는 사람들이었다. 그리고 그 다름을 좋아하고 응원하는 게 분명했다. 그렇다면 결과가 납득이 되든 안 되든, 날 응원하는 이들에게 못난 모습을 보여선 안 되겠다는 생각이 들었다. 그렇게 마음을 추슬렀다.

어느덧 파이널 스폰서부 남자 댄싱/프리스타일이 시작되고, 마침내 마지막인 내 차례가 돌아왔다.

대회 때마다 내 차례가 시작되기 전에 하는 생각이 있다. 실수 없이 내가 할 수 있는 거 최대한 잘해야지! 가 아니다. 이번엔 정말 잘 타서 좋은 성적 거둬야지! 도 아니다. 단지 내가 타는 모습을 보는 다른 사람들이 와! 쟤 진짜 롱보드를 좋아하는구나, 를 느낄 수 있었으면 좋겠다. 그 시간을 함께 즐길 수 있기를 바란다. 그런데 이번엔 하나가 추가됐다. 종빈이가 보고 실망하지 않는, 부끄럽지 않은 라이딩을 해야겠다, 는 생각이 들었다.

그렇게 내게 주어진 2분에 남김없이 모든 힘을 썼다. 내 런이 끝나고 내게로 달려드는 친구들. 종빈이, 명진이, 한국인들, 아후 크루, 스페인 라이딩 어드벤처 애들이 내 이름을 외치며 달려들었다. 유서프는 날 무등을 태웠다. 많은 이들이 환호해주는 모습이 기뻤다. 그 중에 종빈이가 당연히 눈에 보였다.

"종빈아, 나 네가 보기에 부끄러운 라이딩은 아니었지?"

"아니에요, 형. 잘 탔어요."

"안 부끄러웠다면 됐다. 그거면 됐다 진짜."

내 파이널 런을 위해 모어와 마샬은 내게 어울리는 노래를 DJ에게 주문했고, 모어는 옆에서 보드를 타며 내가 타는 순간을 담기 위해 기꺼이

카메라를 들었다. 그는 중간에 넘어지며, 화면에서 날 놓치기도 했지만, 그 와중에 "도영"을 외치며 응원하는 그의 목소리까지 담겨있었다. 그렇게 내겐 의미가 깊은 파이널 런 영상이 남았고, 여행 중간 한 번씩 그 영상을 찾아 틀곤 했다. 그때 당시 모든 신경을 순간에 집중했던 마음처럼, 오늘 하루도 즐겁게, 넘치는 에너지로 살아간다. 그리고 가능하다면 날 좋아하는 사람들에게 부끄럽지 않게 살려고 한다.

PS1. 이날 나는 대회에서 2등을 했다. 시상대에서 날 축하해주던 이들의 눈빛이 잊히지 않는다.

PS2. 몇 년 후 쏘유캔에서 종빈이는 당당히 1등을 거머쥐었다. 그리고 그 자리에서 난 눈물을 쏟고 말았다. 태어나서 이렇게 많은 사람들 앞에서 그토록 울어본 적이 없었다. 그 후 인스타 스토리와 영상, 사진 등을 통해, 나는 전세계 보더들한테 울보로 낙인찍혔다.

환호가 넘치는 축제, Dance with me

타리파, 스페인

심사위원이었기에 보드를 타며 즐기는 시간은 짧았지만, 누구보다 더 행사를 즐겼다. 순간순간에 몰입해 재미를 느꼈다. 내가 보드를 타지 않았음에도 너무나 즐거웠다. 이들이 내뿜는 에너지는 나를 열광하게 만들었다.

　　이번 세계여행 중 유럽에서 가장 기대를 하고, 오랜 기간 머물기로 계획했던 나라는 단연코 스페인이다. 다녀온 이들이 하나같이 좋았다고 하는 나라, 스페인이 몹시 궁금했다. 게다가 스페인은 보더들이 득실대는 나라이다. 그래서 유럽여행 4개월 조금 안 되는 기간 중 한 달을 스페인 한 나라에서만 보내기로 마음먹었다.

　　스페인 최남단, 아프리카 모로코가 눈에 보이는 바로 그 도시, 타리파에서 열리는 'Dance with me' 행사에 맞춰 스페인으로 들어왔다. 행사 주최측에서 내게 심사를 맡아달라고 요청했기 때문이다. 예정보다 조금 빠르게 들어간 스페인. 남부는 어떤 분위기일까? 바다와 인접해있는 도시는 항상 좋다, 는 것을 여행하며 경험으로 알고 있었고, 예상대로

SO YOU CAN　　195

타리파는 들어서는 순간부터 환호성이 절로 나왔다.

탁 트인 바다에, 하늘 위로 커다란 연들이 각각의 색깔을 자랑하며 바람에 휘날리고 있었다. 백사장에는 말이 천천히 걷고 있었다. 그 옆으로 꼬마들이 뛰어노는 모습과 함께 내 마음도 몽글몽글해졌다. 행사 준비로 바빠야 하지만, 이곳 해변에서 잠시 누리는 여유를 놓칠 수는 없었다. 해변 바로 앞에 위치한 식당 야외 테이블에 자리를 잡았다. 스페인에서 즐길 수 있는 간단한 음식인 타파스를 한 입에 쏙 넣으며, 행복에 겨운 감정을 맥주와 함께 삼켰다. 로컬 오마이롱(Oh my long)팀과 잠깐 타리파 지역을 돌아다녔고, 작은 도시인만큼 소소하게 연결된 사람들이 이루어내는 분위기는 타리파에 내리쬐는 햇빛보다 더욱 밝고 따뜻했다.

시간이 흘러 고트팀, 바르셀로나, 카디스, 발렌시아, 마드리드, 그라나다 등에서 사람들이 몰려왔다. 스페인을 여행 중이거나 유학 중인 롱보더들도 찾아왔다. 네덜란드 대회 이후 한 달 반 만에 만나는 그들이라 더 반가웠다. 대회가 열리는 스팟은 반갑게 인사를 나누고 스페인 특유의 활기차고 소란스러운 분위기로 가득했다. 예상보다 훨씬 작은 스팟이어서 걱정이 되었지만, 많은 이들이 분위기만으로도 충분히 재미있게 탈 수 있게 만들었다. 나 역시 즐거운 분위기 속에 도취되었다.

보딩이 끝난 후, 함께 하는 저녁 겸 술자리는 분위기를 더 뜨겁게 달구었다. 나는 원래 일찍 자는 체질인데, 스페인 친구들은 일찍 재울 분위기가 아니었다. 일찍 자면 방에 들어와 폭죽을 터트릴 기세였다. 나름 얌전한 바르셀로나 친구들이랑 놀며 시간을 보냈다. 다음날이 대회라 밤새 괴롭히진 않았지만, 새벽이 되어서야 잠들 수 있었다.

행사 당일 아침, 스페인의 태양은 우리에게 오늘 하루도 즐겁게 놀아 보라고 말하는 듯 강렬하게 내리쬐고 있었다. 오마이롱에서 잡아준 호스텔에서 차분히 준비한 뒤 5분도 안 되는 거리, 타리파 시내의 분위기를 짧게 느끼며 행사장을 향해 걸어갔다. 행사장에 도착한 난 'Dance with me'가 다른 행사들과 구별되는 특별한 점을 알아챌 수 있었다.

그건 바로, 아이들도 참여한다는 것이다. 그것도 수준이 높았으며, 아이들의 수가 많았다. 그래서 다른 롱보드 행사와 다르게 그룹을 나이별로 세 부분으로 나누어 진행했다. 국내를 비롯해 그 어느 곳에서도 이렇게 많은 아이들이 롱보드를 즐기며 대회를 하는 것을 볼 수 없었다. 롱보드가 못해도 3,40만 원에서 비싸면 70만 원까지 하기 때문에 아이들이 구매하기는 어렵기 때문이다. 그럼에도 불구하고, 타리파에서 많은 아이들이 롱보드를 즐기는 모습을 볼 수 있는 것은, Oh my long과 스페인 내셔널 브랜드 Goat longboard에서 어린아이들 양성에 정성을 쏟기 때문이다. 아이들을 좋아하는 나로서는 진심으로 부러웠고 우리나라에 아직까지 이런 환경이 없다는 것이 너무나 안타까웠다.

타리파가 작은 도시이고, 광장 같은 곳에서 행사를 열어서 그런지, 동네사람들도 몰려와 구경을 했다. DJ를 섭외해서 음악을 크게 틀고, 모두가 함께 즐겼다. 이건 단순히 롱보드 행사로 취급될 일이 아니었다. 이렇게 도시가 하나가 될 수 있다니 신기했다. 로컬 행사가 지향해야 할 모습이 그 자리에 고스란히 있었다.

그래서였을까? 나는 신이 났다. 사실 어느 행사든지 신이 나지만, 평소보다 더한 에너지를 내뿜었다. 아이들에게 힘이 되고 싶었다. 그 누구보다 엄청난 입보더(입으로 보드를 타는 사람, 실제로 보드를 타지는 않고, 말만 많은 사람을 말한다)가 되었다. 심사를 보면서도 응원에 더 큰 힘을 쏟았고, 소리를 내질렀다. 목이 쉬는 것이 느껴졌지만, 신경 쓰지 않았다. 행사 중간 중간 현기증이 나는데도, 내 입은 멈출 줄 몰랐다.

"우나 만! 우나 마스(한 번 더)!"

"바코티! 할 수 있어! 좀만 힘내!"

"우와, 쟤 미쳤는데? 어떻게 저렇게 하지?"

"비엔(Bien)! 무이 비엔(Muy bien)! 좋아 좋아!!"

"저 아이 저렇게 열심히 도전하는데, 한 번 더 기회 줄 수 없어?"

"헤이, 치코스 앤 치카스! 애들이잖아. 박수 쳐주자고! 응원하자!"

심사위원이었기에 보드를 타며 즐기는 시간은 짧았지만, 누구보다 더 행사를 즐겼다. 순간순간에 몰입해 재미를 느꼈다. 내가 보드를 타지 않았음에도 너무나 즐거웠다. 이들이 내뿜는 에너지는 나를 열광하게 만들었다. 어느 순간 나는 열정적인 스페인 사람이 되어 있었다. 오히려 스페인 친구들이 나의 열정에 놀랄 정도였다. 몇몇은 대회에 참여하는 롱보더들을 보는 게 아니라 응원하는 나를 구경했다. 가끔 눈이 마주치면 내게 엄지를 치켜 올려 주었다.

"야야, 심사 보는 도영 봐봐."

"완전 신났는데?"

"저런 심사위원은 또 처음 보네!"

저녁 10시가 되어서야 해가 지는 이곳에서 하루 종일 대회가 이어졌다. 피곤해질 만도 한데, 다들 열기에 취해서인지 끝까지 즐겼다. 모두 행사를 정리하고, 저녁 겸 술자리를 야외에서 가졌다. 난 스페인 친구들에게 스페인어를 조금씩 배우며 그들과 가까워졌다. "구아뽀 뚜(너 예

삐)!"를 외치고 외치며, 잊지못할 하루가 저물어갔다.

　아니, 해는 저물어도 하루가 끝나지는 않았다. 오히려 그때부터 새로운 하루가 시작되었다. 다음날 대회가 없기에, 이들은 마음 편히 놀기 시작한 것이다. 이들은 각자의 몸에 2만짜리 대용량 보조배터리를 꼽고 있음에 틀림없다. 분명 나와 함께 대회에서 체력을 소진했을 텐데, 갑자기 새 생명이라도 얻은 듯이 놀다니 말이다. 호스텔 내에서 폭죽을 던지고, 신발 깔창으로 볼을 때리는 등, 잠을 잘 수조차 없게 했다. 이 도시는 너무 작아서 도망치려고 해도 그 자리를 벗어날 수가 없었다. 지친 이들과 함께 007작전을 방불케 할 만큼 조심히 호스텔로 도망 나왔다. 5분이면 갈 수 있는 곳을 사람들 눈을 피해 30분을 돌아 들어갔다. 침대에 쓰러져 기절했건만, 얼마 잠들지 못한 내게 쾅! 소리와 함께 카메라 플래시가 얼굴 위로 쏟아졌다. 정신을 못 차린 채로 나는 반응했다.

"올라(Hola)!"

아, 난 스페인에 온 것이 틀림없다. 어느덧 스페인의 정열 혹은 광기를 닮아가고 있었으니….

갑자기 그들이 내게, 그리고 내가 그들에게 자주 한 말이 생각난다.

"부또 아모(Puto amo. The King 네가 최고야)."

스페인의 한 롱보드 숍에서 놀고 있을 때, 한 꼬마아이가 엄마 손을 잡고 들어

왔다.

"도영이가 타는 보드 주세요!"

아, 지구 건너편에 꼬마가 내가 보드 타는 영상을 보고, 내 팬이 되었다.

나는 사진도 찍어주고, 사인도 해주며, 기본 기술들을 가르쳐주었다.

보드 타면서 이런 감동을 느낄 수 있다니, 난 지상 최고의 럭키 가이였다.

사막을 질주하다

저 하늘에서 나를 내려다본다면, 사막의 금빛 모래 알갱이 하나만도 못할 텐데. 이토록 작디작은 내가 얼마나 더 세상을 누릴 수 있을까? 사막을 스치는 바람소리가 들렸다.

남미에서는 쉽게 보기 힘든 자연을 많이 경험하고 싶었다. 페루에서 찾아갈 멋진 자연이 있는 리스트를 빼곡히 노트에 적었지만, 팔꿈치를 다친 후 여행 일정이 틀어질 수밖에 없었다. 산을 타고, 호수를 보러갈 수 있는 몸이 아니었다. 그래도 페루까지 와서 아무것도 못보고 가는 것은 끔찍했다. 최대한 팔이 빨리 나을 수 있게끔 잘 쉬어주고, 다 낫지 못하더라도 떠나기 전 뽑아놓은 리스트 중에서 한 곳만은 반드시 가기로 했다.

그렇게 많은 리스트 중에서 결정한 곳은 이카 와카치나 사막이었다. 스페인에서 다쳐서 모로코를 못 갔던 아쉬움, 그때도 사막을 보려 했던 것인데 못 갔기에 페루에서 사막을 보러 가기로 했다. 다른 곳들은 하이킹을 많이 해야 하기에 현재 내 상태론 부담이 되었다. 페루 친구 밥에게 사막을 보러 가겠다고 했더니 정보를 알아봐줬다. 밥이 함께 가고 싶어 하는 눈치기에 같이 가자고 했다. 알고 보니 여행비용이 부담이 되었던 것이다. 그동안 신세를 많이 졌기에 내가 밥의 여행비용을 대주기로 했다. 기뻐하는 밥과 함께 준비를 했다.

야외활동을 좋아하는 내가 팔꿈치 때문에 얌전히 집안에서 쉬기만 해서 답답했던 만큼, 사막여행은 설렘을 안겨주었다. 페루 로컬이면서, 특히 이카에 친척이 사는데도 사막을 가본 적 없는 밥 역시 설렘으로 가득했다. 사막이 있는 나라에 살면서 한 번도 가보지 못한 밥과 지구 반대편에서 온 내가 함께 사막을 간다는 사실이 더없이 특별했다. 무박으로 가기로 했기에 자정이 넘은 깊은 밤 버스를 탔고, 우리는 사막을 상상하며 이야기하다 잠들었다.

버스 창문으로 들어오는 햇빛에 잠이 깼다. 버스는 어느덧 이카에 도착해 있었다. 연락 없이 밥의 친척 집에 들러 그들을 놀래켰다. 그들은 처음으로 찾아온 밥을 위해, 따뜻한 마음이 담긴 식사를 대접해 주었다. 가족의 정을 느끼며 사막으로 향했다. 내 입꼬리가 올라가기 시작했다. 사막이라니, 오아시스라니, 현실인가? 이제 내 눈으로 볼 수 있는 건가? 처음 맞이하는 것은 언제나 설렘과 떨림으로 부풀어 오르게 한다. 역시 여행은 좋은 것이다.

사막. 모래라 불리는 노란 색, 혹은 황금색의 작디작은 가루들이 모여 언덕이 되었고, 작은 산이 되어, 눈앞을 가득 채웠다. 다양한 색상의 버기카들이 아래에 대기하고 있었고, 저 멀리 오르락내리락하는 게 보였다. 한편에 오아시스가 보였고, 그 근처로 작은 마을이 자리하여 낭만이 가득했다. 동네 꼬마들은 가까이 자리한 사막에서 미끄럼틀을 타고, 샌

드보드를 탔다. 까맣게 탄 꼬마의 피부는 황금빛 사막에서 얼마나 즐거웠는지를 말해주었다. 이카에 처음 온 많은 사람들은 신난 얼굴로 돌아다녔고, 우리도 자연스레 동화되었다. 그때 한쪽에서 소란이 일었다. 단체로 온 페루 중고등학생들이 환호를 보내고 있었다. 누군가에게 달라붙어 사진을 요청하는 것이었다. 유명한 사람인가보다 라고 생각하는데 학생들 중 일부가 내게 다가왔다.

"한국인이에요?"

밥이 대답해주었다. 한국에서 온 친구라고. 그러자 단체로 몰려들더니, 내게 사인과 사진을 요청했다. 세계여행을 하면서 롱보더로서의 나를 알아보고 사인과 사진을 요청한 경우는 있었지만, 단지 내가 한국인이라는 이유로 난리가 난 적은 처음이었다. 세계 반대편 남미에서도 한국인은 이렇게 사랑받고 있었다. 고마운 마음에 보답하고 싶었지만, 끝없이 이어지는 사인과 사진 요청으로 한 시간 가까이 소모한 우리는 결국 도망치는 수밖에 없었다. 밥은 옆에서 슈퍼스타라며 날 놀리기에 여념이 없었다.

정신없는 와중에 우리는 오아시스 근처가 아닌 사막을 오르기 위해 버기카를 알아봤다. 버기카에도 황금시간대가 있었다. 사막에서 버기카를 타다가 일몰을 볼 수 있는 시간이 바로 황금시간대였다. 그 시간에 맞춰 다른 여행객들과 함께 예약을 해서 한 그룹이 되어 올라탔다.

이날, 난 알았다. 겁이 많은 내게 맞는 인생 최고의 놀이기구를 말이다. 엄청나게 높은 데서 떨어지는 것은 아니지만, 사막 한 봉우리를 넘어갈 때마다 짜릿한 스릴을 느꼈다. 그 어떤 놀이공원에 있는 놀이기구보다 재밌었다. 다들 소리를 지르며, 사막을 오르락내리락 했다. 어디까지 올라가는지도 모르는데 갑자기 아래로 푹 떨어지는 느낌은 정말 즐거웠다.

게다가 중간중간 꼭대기에서 내려서 샌드보드를 탔다. 팔꿈치 다친 게 걱정은 됐지만, 이 기회를 놓칠 순 없었다. 밥은 누워서 한 번 타더니, 아예 보드 타듯이 탈 수 있겠다며 서서 내려가는 것을 도전했다. 난 몇 번 타니 통증이 와서 계속 즐길 수 없는 게 아쉬울 따름이었다. 그래도 쉬면서 한 번씩 타는 것만으로도 만족스러웠다. 황금빛 모래가 내 몸을 감싸고, 부드럽게 미끄러졌다. 무지개를 탈 수 있다면, 이와 비슷하지 않을까? 싶었다.

버기카와 샌드보드를 재밌게 탔는데도, 아직 하이라이트가 남아있었다. 해질녘 사막 위에서 오아시스를 내려다보는 시간이었다. 금빛 사막 위로 살짝 내려앉은 주홍빛 경계선이 고요히 머무르다 점점 붉어져갔다. 파란 오아시스는 점점 깊은 색을 냈다. 오아시스가 깊어가는 만큼 해는 어디론가 쉬러 갔고, 짙어가는 남색 하늘에 달이 빼꼼 얼굴을 드러냈다. 내 인생에 또 이런 순간이 찾아올까? 자연이 만들어내는 압도적인 풍경에 현실의 고민들이 속수무책으로 무너지고 있었다.

저 하늘에서 나를 내려다본다면, 사막의 금빛 모래 알갱이 하나만도 못할 텐데. 이토록 작디작은 내가 얼마나 더 세상을 누릴 수 있을까? 사막을 스치는 바람소리가 들렸다. 바람에 흩날리는 금빛 모래를 맞으며, 죽는 그 순간까지 이 아름다운 세상을 탐하는 바람이 되고 싶어졌다. 자유롭게 아름다운 곳을 향해 떠나며, 스치는 인연 모두를 기분 좋게 하늘로 부웅 띄우는 그런 바람 말이다.

또 한 번의 잊지 못할 하루가 내 인생에 아로새겨졌다.

이제 그만! 축제라면 질렸어

리가, 라트비아

새벽 3시가 되어도 여전히 이들은 뜨겁게 몸을 흔들었다. 한밤에도 저물지 않는 발트해의 새벽은 짙은 푸른색으로 모두를 응원했다. 지칠 때까지 놀아보라고.

동유럽의 숨은 보석, 발트해의 진주라 불리는 라트비아의 리가는 축제의 도시였다. 셀 수 없을 만큼 많은 공연들이 작은 도시를 가득 채웠다. 시내를 돌아다니다보면 5분마다 공연하는 소리가 들린다. 음악을 정말 사랑하는 게 느껴졌다. 이곳에 머무는 내내 귀가 즐거웠다. 이곳에서 만난 대부분의 사람들은 악기를 하나씩은 다룰 줄 알았다. 나를 초대한 알치 역시 축제를 즐기고, 기타 연주에 자신 있었다. 그래서였을까? 알치와 함께 있는 내내 지치고 피곤해서 쉬는 날이 아니라면, 항상 아름다운 소리가 가득한 축제와 공연이 함께 했다.

그중 가장 특별했던 축제는 'Playground Festival'이었다. 현대판 동화라 해도 무방했다. 숲속에서 모든 동물들이 모여 잔치를 열고 즐기는 장면이 동유럽의 이름 모를 숲에서 현실판으로 펼쳐졌다. 낮 시간에는

감자를 넣고 쏘는 총, 스케이트보드, 롱보드, 카트레이스, 스노보드, 웨이크보드, 스킴보드(얇은 물가에서 파도 타는 원반형 널) 등을 즐길 수 있었고, 저녁엔 각 섹션별로 다양한 장르의 음악 공연이 열렸다. 낮 시간의 즐길 거리 중에서 나를 가장 놀라게 한 것은 스노보드 섹션이었다. 축제가 열리는 시기는 한여름인데 스노보드 섹션이라니. 작은 동산 한 면이 온통 눈으로 덮여있었다. 내 눈을 의심했다. 정반대의 계절을 한 장소에 담아두다니, 어디에도 없는 축제를 만들기 위해 노력한 흔적이 보였다. 작은 호수 위엔 자동차가 자리하고 있었고, 그 옆으로 웨이크보드를 타며 넘을 장애물이 있었다. 재밌게 놀고 싶어, 이러면 좋겠다, 저러면 좋겠다, 라는 아이디어를 현실로 옮긴 이들에게 존경심이 절로 솟았다. 플레이그라운드라는 놀이터는 2박 3일간 내내 이어졌다. 플레이그라운드 축제가 있는 곳 한켠에 각양각색의 텐트들이 쳐졌고, 이들은 2박 3일간 놀 생각으로 가득했다.

운영진 중 한 명인 알치 덕분에 나는 컨테이너 하나를 배정받아 잠을 잘 수 있었고, 롱보드 파트에서 심사를 맡았다. 정해진 롱보드 시간 외에는 놀러온 보더들과 돌아다녔다. 숲속을 구경하면서 아이스크림을 먹고 주전부리를 했다. 시도해볼 수 있는 것들은 하나씩 해봤다. 감자를 쏘는 총은 예상 외의 큰 반동으로 작은 포탄을 쏘는 것만 같았다. 스킴보드를 타며 물가에 구르기도 많이 굴렀다. 높이 설치되어 있는 줄타기는 보는 것만으로 아찔해져 감히 시도도 못했다. 하늘에는 촬영을 위해 드론들이 날아다녔다. 롱보드 스팟에서 타는 내 모습이 드론에 담기기도 했다. 짙은 주홍빛의 맥주 색을 닮은 해질녘엔 같은 색의 맥주를 마시며 두근거리는 마음을 진정시키려 했다. 하지만 그럴 수 없었다. 여기저기서 음악이 쏟아졌기 때문이다. 락, 재즈, 힙합, 30여 년 전 유행했다는 장르와 그 당시 유명했던 가수의 공연 등 셀 수 없이 많았다. 새벽 3시가 되어도 여전히 이들은 뜨겁게 몸을 흔들었다. 한밤에도 저물지 않는 발트해의 새벽은 짙은 푸른색으로 모두를 응원했다. 지칠 때까지 놀아보라고.

큰.일.났.다.

2박 3일 동안 익스트림 스포츠와 음악을 즐기며 축제를 벌이자는 말은 충분히 매력적이었다. 그러나 실제로 겪어보니 아무나 끝까지 즐길 수 있는 축제가 아니었다. 내 체력으로는 플레이그라운드 축제를 끝까지 즐길 수 없었다. 죽을 것 같았다. 첫날은 물론 재밌었다. 신세계에 빠져 하루 종일 에너지를 탕진했다. 2일차가 되니 상황이 달라지기 시작했다. 노는 게 힘에 부치는 느낌이었다. 노는 기계가 된 것 같았다. 이러다 좀비가 될 수 있겠다는 생각이 들었다. 간신히 2일차를 견뎌내고, 드디어 3일차 집에 가는 날이 밝았다. 다행이라고 생각했는데, 공연이 새벽까지 이어진다고 들었다. 그러면 2박 3일이 아니라 2박 4일 혹은 3박 4일이라고 해야 맞는 게 아닌가? 그 소식을 듣고 간신히 지탱해오던 멘탈이 바스락 부서졌다.

결국, 난 도망가기로 결심했다. 생존을 위해서였다.

"알치, 미안한데, 나 도저히 여기서 하루 더 못 있겠어. 집에 가면 안 될까?"

"내가 다음날 아침에 가야 하는데, 어떻게 가려고? 여기서 집 엄청 멀어."

"이쪽에서 가는 버스 같은 거 없어?"

"응! 하나도 없어."

이토록 해맑고 단호하게 말하다니….

그랬다. 플레이그라운드가 열리는 이곳은 리가가 아니었다. 도시가 아예 달랐다. 이 숲을 빠져나가는 대중교통도 없었다. 대중교통을 이용할 수 있는 곳까지 도보로 갈 거리조차 되지 않았다. 차가 없다면 이곳은 나갈 수 없는 감옥이었다. 답이 보이지 않아 멍하니 보드에 앉아 있었다. 이대로 나의 탈출 시도는 실패로 돌아가는 듯했다. 그때 축제 기간 동안 나랑 많은 시간 보드를 타며 놀았던 마티스(Mathis)가 곁으로 다가왔다.

"도영, 표정이 힘들어 보이네?"

"마티스! 응, 좀 힘드네. 집에 가서 쉬고 싶다, 진짜."

"나랑 똑같네. 축제가 너무 길어. 집에 같이 갈까?"

"응? 어떻게 가게? 올 때 어떻게 왔는데?"

"친구 차 얻어 타고 왔는데, 갈 땐 히치하이킹하지 뭐!"

"와! 히치하이킹? 할 수 있을까?"

"몇 번 해봤는데 할 수 있어! 해보자."

"좋아! 난 한 번도 안 해봤는데, 이번 기회에 해보지 뭐. 재밌겠는데?"

드디어 플레이그라운드를 벗어날 방법이 생겼다. 난 알치에게 다시 갔다. 마티스와 같이 히치하이킹으로 버스 탈 수 있는 곳까지 가서 집으로 가겠다고 했다. 그리고 마티스가 있으니 연락하는 데도 문제가 없었다. 알치에게 집 열쇠를 받고, 마티스와 함께 마지막으로 한 번 돌아보았다. 다시 봐도 아름다운 장소임에는 확실했지만, 지칠 대로 지친 나는 일말의 아쉬움도 남기지 않고 숲을 나섰다. 떠나는 발걸음은 가벼웠다.

한참을 걸었다. 마티스는 식은 죽 먹기라는 듯 얼굴에 자신감이 넘쳤다. 반면 나는 유럽에서 처음 해보는 히치하이킹에 설레었다. 우리처럼 지쳐서 떠나는 사람들이 많아서였을까? 큰길로 나오니, 차들이 꽤 많이 지나다녔다. 적당한 자리를 잡고, 손을 흔들기 시작했다. 너무 쉽게 생각했던 것일까? 차들은 무심하게도 우리를 지나쳐갈 뿐이었다. 거듭된 실패에 자신감이 사라져갈 무렵, 한 대의 차가 섰다. 기쁜 마음으로 달려가 말을 걸었는데, 아쉽게도 방향이 달라서 탈 수가 없었다. 힘이 빠졌지만, 역시 마티스는 고수였다. 아무렇지 않다는 얼굴로 다음 차를 향해 손을 들고 있었다. 마티스는 '히치하이킹은 믿음'이라고 했다. 확신을 가지고 기다리자고. 얼마의 시간이 더 흐른 후 마티스의 믿음대로 우리는 히치하이킹에 성공했다. 드디어 해방이다!

히치하이킹으로 리가 도시로 넘어와서 버스를 타고 간신히 집에 도착한 나는 침대에 쓰러지듯 잠들었다. 축제를 이렇게 스파르타식으로 즐기다니, 노는 것도 쉽지 않은 일이다. 나에 대해 새로운 사실도 알게 되었다. 밤새면서 노는 일은 나에겐 맞지 않는다는 것을. 끝까지 놀 줄 아는 사람들에 대한 존경심이 생겼다. 노는 것도 재능이고, 절대 아무나 할 수 있는 게 아니다.

그래도 라트비아는 다시 와야겠지?

좀 더 잘 놀 수 있는 자신이 생긴다면.

왜 벌써부터 긴장되지?

나, 떨고 있니?

그야말로 어드벤처

카보 프리오, 브라질

물장구를 치며 꺄르르 웃는 꼬마들의 모습, 비치볼을 서로에게 던지며 뛰어다니는 소년 소녀들, 작은 의자에 앉아 칵테일을 즐기는 중년의 부부, 사진 찍느라 여념이 없는 커플, 산꼭대기에 펼쳐진 파라다이스였다.

브라질 여행의 마지막 도시, 카보 프리오. 리우에서 버스로 2~3시간이면 갈 수 있는 가까운 곳이지만, 그곳에서 리우와는 완전히 다른 여행을 즐길 수 있었다. 유럽에서 만났던 브레노(Brenno) 덕분이었다. 시작은 이러했다.

브라질에서 다시 만난 첫날, 브레노는 한적하고 빛을 찾아보기 힘든 밤바다를 보여주었다. 하늘과 바다 모두 까맣게 색을 잃어버린 시간, 달빛 아래 비친 낡은 한 척의 배와 서늘한 바다내음, 간간히 들려오는 파도소리가 이곳이 바닷가임을 알려주었다. 카보 프리오가 전해주는 캄캄한 침묵은 범상치 않은 일들이 일어날 것만 같은 예감을 전해주었다. 아니나 다를까, 브레노는 당장 다음날 새벽 4시에 일어나야 한다고 했다. 왜 그렇게까지 일찍 일어나야 하냐는 질문에 그의 대답은 걸작이었다.

"어드벤처가 우리를 기다려."

진지한 브레노의 모습은 오랜 여행으로 지쳐있는 날 웃게 만들었고, 작지만 소중한 에너지가 샘솟았다. 이른 새벽, 브레노 친구가 차를 끌고 나타났다. 차 문을 열어주며, 우리를 반기는 모습이 마치 숙련된 투어가이드를 연상케 했다. 어디인지 말은 해줬지만, 기억은 나지 않는 그곳. 확실한 건, 조금 더 북쪽으로 떠났고, 울창한 밀림과 조우했다. 차를 산속 어딘가에 세워두고, 트레킹을 시작했다. 아니, 네이처 어드벤처가 시작되었다. 빽빽하게 우거진 초록 나무들은 내 키의 몇 배나 되었고, 고개를 꺾어 올려다보면, 녹색 나뭇잎들로 가득 차 있으면서 언뜻언뜻 비치는 파란 하늘이 색다른 매력으로 다가왔다. 초록 세상에서 맞이하는 아침이라니, 숨 막히는 아름다움에 감탄조차 목 안으로 삼킨 채 한 걸음, 한 걸음을 이 땅에 새기겠다는 마음으로 걷고, 또 걸었다.

하지만 이날의 어드벤처는 예상치 못하게 끝났다. 바로 내가 트레킹 중에 이끼 가득한 바위에서 미끄러져 계곡에 풍덩 빠져서였다. 온몸이 폭우 맞은 생쥐마냥 홀딱 젖어버렸고, 휴대폰과 고프로까지 물 속 깊이 빠졌다. 건져내긴 했으나, 회생불가인 듯 보였다. 영상과 사진이 날아간다는 생각에 아찔했지만 괜찮을 거라 스스로를 다독이며, 일단 켜지 않고 보관했다. 휴대폰을 제물로 삼아 브라질 트레킹을 한 셈이다. 차로 돌아와 젖은 몸을 말렸다. 기왕 온 것 아쉬운 마음에 드라이브를 하며 근처 자연경관을 구경했다. 브레노는 이날 저녁 어디서 검색했는지, 물에 빠진 아이폰을 쌀통에 넣어두면 살아날 수 있다고, 경건한 표정으로

내 폰을 쌀통에 깊이 심었다. 그러면서 중저음으로 한마디를 내뱉었다.

"어드벤처"

어드벤처에 이런 의미가 있었다니 우울했지만, 브레노의 표정과 목소리는 날 빵 터지게 했다. 브라질에서의 브레노는 나한테 분위기 메이커이자 웃음제조꾼이었다. 방전되어가는 나를 살려놓는 힐러였다. 또 다른 어드벤처를 할 차례라며 다음날에도 우린 떠났다. 그가 사는 이곳은 특별한 게 얼마나 많은 걸까? 어쩌면 브레노라는 사람 자체가 특별한 것 같다. 이번엔 새드엔딩이 아닌, 해피엔딩을 기대하며 아침에 차를 타고, 카보 프리오에 인접해있는 작은 해안도시를 향해 갔다.

"와! 브레노! 우리 도착했나봐. 저기 바다 보인다!"

"도영, 우리가 가려는 해변은 저기가 아니야."

"응? 무슨 말이야? 저기 사람들 많은데? 저기 이쁜데?"

"하하하. 조금만 기다려봐. 놀랄 걸?"

해변을 지나, 마을 속으로 차를 운전해갔다. 그러더니 산길로 올라갔다. 올라가면서 내려다보이는 마을에 감탄했다. 벽들이 파스텔 톤으로 색색이 꾸며진 마을이 특히 아름다웠다. 해변에서 멈췄다면 볼 수 없었던 풍경이었다. 잠시 이 순간에 머물러 있고 싶었다. 한참을 넋 놓고 봤을까? 정신을 차린 나는 뜻밖의 아름다움에 감탄하면서 동시에 의아했다.

'바다로 가기로 해놓고, 왜 산 길을 올라가는 거지?'

더는 올라갈 수 없는 꼭대기에서 차가 멈춰 섰다. 앞을 보니, 자동차들로 가득했다. 대체 무슨 일이지? 산꼭대기에서 교통체증이라도 생긴 걸까? 나는 두 눈을 비비고, 다시 한 번 주변을 둘러보았다. 주차된 차들이 보였고, 사람들 손엔 돗자리와 비치볼, 아이스박스 등이 들려있었다. 내가 꿈을 꾸는 걸까? 몰래 카메라인가? 나 하나 속이자고 이 많은 사람을 섭외한 것은 아닐 텐데…. 그때 브레노의 목소리가 들렸다.

"도영, 도착했어. 내려."

"응? 우리 바다 가기로 했잖아. 여긴 산꼭대기인데?"

"따라와 봐, 이쪽을 봐봐."

산 사이로 반짝반짝, 에메랄드 빛 바다가 흐르고 있고, 중간 중간 새의 깃털마냥 배가 두둥실 떠다녔다. 경이로웠다. 난 분명히 산을 올라왔는데, 왜 산 속에 바다가 있는 거지? 호수인가? 그렇다면, 왜 배가 있는 거지? 인지부조화가 생겼다. 「원피스」라는 유명 애니메이션에서 하늘섬을 처음 경험한 루피 해적단이 이런 기분이었을까? 회중시계를 들

고 말까지 하는 흰 토끼를 만난 앨리스가 이런 기분이었을까? 이런 상상의 이야기가 아닌, 세상에 존재하는 기적 중의 하나를 목격하는 순간이었다. 옆에서 지켜보던 브레노는 나의 반응을 예상했다는 듯이 목젖까지 드러낸 채로 웃었다.

수풀을 손으로 쳐내며 바다로 내려가는 길은 이미 많은 이들의 발걸음으로 다져 있었다. 화이트 샌드를 밟고, 에메랄드를 두른 바다 물에 발을 담갔다. 찬 기운이 올라오며 마침내 실감이 되었다. 현실이구나. 그제야 주변이 눈에 들어왔다. 물장구를 치며 꺄르르 웃는 꼬마들, 비치볼을 서로에게 던지며 뛰어다니는 소년 소녀들, 작은 의자에 앉아 칵테일을 즐기는 중년의 부부, 사진 찍느라 여념이 없는 커플, 산꼭대기에 펼쳐진 파라다이스였다. 우리도 가져간 축구공으로 미니 게임을 하고, 부드러운 백사장 오르막 위에서 아래로 데굴데굴 구르기도 하고, 덤

블링도 넘고, 아이스박스에 담아온 맥주를 마시며 시간이 가는 줄 모
르게 놀았다.

"이제 우리 슬슬 내려가서 아까 처음에 봤던 해변으로 가자."

"응? 여기도 좋은데 거기로 가?"

"석양을 보기엔 그쪽 해변이 더 좋지! 수평선이 있잖아."

"아, 그러네! 완전 좋은 생각이야."

마침 식사 시간이 되었기에, 밥을 먹고, 브라질의 독특한 아이스크림,
아싸이까지 후식으로 먹고 물놀이를 하며, 지친 몸에 휴식을 주었다. 브

레노가 추천하는 석양을 보기 위해선, 해변 끄트머리에 위치한 오래된 요새까지 걸어가야 했다. 멋진 자리를 잡기 위해서 우리는 또 다른 모험을 했다. 투쟁의 기운이 남아있는 요새의 틈바구니를 지나, 오랜 세월 파도와 바람과 싸워온 바위 위에 우리는 털썩 주저앉았다. 오렌지 빛으로 점점 더 붉어지는 바다와 하늘의 경계를 바라보며 마법과도 같은 하루가 저물어갔다. 아쉬워하는 나의 마음이 태양과 같았을까? 평소보다 더 끈질기게 버티고 버티던 태양은 마침내 떨어졌고, 그 순간 두 팔을 최대한 뻗어 흔들며 인사했다.

"안녕. 오늘 하루도 변함없이 떠올라 따뜻함을 줘서 고마워. 내일 또 보자."

어드벤처 그 자체였다. 이날 나는 어드벤처란 단어와 사랑에 빠졌다.

PS1. 내 아이폰은 결국 살아나지 못했다. 정글에서의 사진도 모두 다 날아갔다.

PS2. 한국에 돌아와서야 내가 간 곳이 어디인지를 알았다. 그곳은 Arraial do cabo였다.

갑자기 파티를 하고 싶었던 브레노는 페이스북에 시간과 장소를 공지하더니,

파티 준비를 했다.

정해진 시간이 다가왔지만, 아무도 나타나지 않았다.

"Fail."

'실패'라고 말하는 브레노의 표정은 절대 기죽지 않아보였다.

며칠 후, 그는 더 좋은 장소에서 파티를 성공적으로 열었다.

너무 깊게 생각하지 않고, 일단 저지르고, 맞춰가는 방식.

행동파는 무언가를 계속해서 해낸다.

- 브레노, 브라질

HAPPINESS

눈앞의 탱고, 꿈인가 생시인가!

부에노스아이레스, 아르헨티나

강렬한 춤에 도취되어 밥 먹는 것도 잊고 지켜보았다. 나, 탱고처럼 살 수 있을까?
정열의 씨앗이 내 안에 심어졌을까?

　반복되는 일상 속에서 우리는 종종 여행을 떠나고 싶다는 마음이 든
다. 이 나라 저 나라를 돌아다니면 어떤 느낌일까? 나 또한 궁금했다. 궁
금해 하다가 어느새 못 견디고 훌쩍 떠나버리고 말았다. 설마 내가 갈
수 있을까? 싶었던 곳에서 보내는 하루하루는 기대했던 것보다 각양각
색의 설렘으로 채워졌다. 그 중에서도 특별히 이게 꿈인가? 싶은 나날
들이 있다. 이날도 그런 날 중에 하나였다.
　이 꿈의 배경은 부에노스아이레스(Buenos Aires)다. 좋은 공기, 대기,
바람이라는 뜻을 가진 도시. 어느 날 우연히 하늘에서 찍힌 부에노스아
이레스의 사진을 본 적이 있다. 하늘은 너무나 청명하고, 도시는 깔끔
하게 정리되어 있으면서, 초록 잔디와 나무들과 푸른색 호수가 섞여 감
탄을 자아냈다. 그 사진을 보았던 것은 운명이었을까? 부에노스아이레

스 시내가 한눈에 보이는 고층아파트에 사는 친구 파비오(Fabio)의 집에서 지냈으니 말이다. 사진 속에서 보았던 풍경이 현실로 다가오니 머리가 하얘졌다. 사진으로 보지 못한 밤하늘은 거실 통유리를 통해 깨끗한 남색을 보여주었고, 주홍색으로 반짝이는 도시의 불빛들이 내 심장박동에 리듬을 맞췄다.

따사로운 아침햇살이 창문을 통해 들어오며 나를 깨웠다. 이토록 기분 좋은 알람이 있을까? 나는 미소 지으며 일어났다. 문득 친구가 붙여준 '태양열전지'라는 내 별명이 떠올랐다. 오늘 하루는 태양열 에너지로 나를 충전하기 딱 좋은 날이다. 아침을 먹고 파비오와 함께 밖을 나섰다. 파비오는 학생이기에 학교로 갔고, 저녁에 만날 때까지 나만의 온전한 시간이 주어졌다.

영화 「여인의 향기」를 보면 이런 대사가 나온다.

"If you make a mistake, if you get all tangled up, you just tango on."(만약 실수를 하면 스텝이 엉키죠. 그게 바로 탱고예요.)

우리 삶도 마찬가지 아닌가? 실수를 하고 엉키기도 하면서, 그 안에서 웃음 짓는 걸 잊지 않는 게 탱고와 비슷하다. 그 탱고를 가장 먼저 눈으로 직접 보고 싶었다. 부에노스아이레스 시내에서 탱고거리가 있는 곳까지 보드를 타고 갔다. 시내를 지나가며 풍경이 바뀌고, 벽마다 분위기가 다르면서도 생기 가득한 그래비티가 눈길을 사로잡았다. 조용한 기찻길을 따라 걷기도 하다 보니 어느덧 사람들이 붐비는 곳이 나왔다. 1~2층 정도의 낮지만 파스텔 톤의 건물들이 줄지어 있는 거리에서 보았다. 길 한복판에서 탱고를 추는 한 쌍을. 정열적인 음악이 춤과 어우러지는 이곳에서 나는 깨닫게 됐다. 바로 여기가 탱고거리임을! 많

은 사람들이 얼굴에 미소를 띤 채 이곳의 분위기를 즐겼다. 나도 레스토랑에 들어가 브런치를 시켰다. 식사를 하는 중에도 내 테이블 앞에서 매력적인 커플이 음악에 맞춰 탱고를 추었다. 강렬한 춤에 도취되어 밥 먹는 것도 잊고 지켜보았다. 나, 탱고처럼 살 수 있을까? 정열의 씨앗이 내 안에 심어졌을까?

탱고의 여운에서 간신히 벗어나자 또 한 명의 아르헨티나 친구를 공원에서 만나기로 한 게 생각났다. 다행히 약속시간보다 조금 이르게 공원에 도착했다. 한 노년의 신사가 눈에 들어왔다. 아름드리나무 아래 벤치에 앉아 온몸의 힘을 뺀 채 햇살을 즐기고 있었다. 베테랑이었다. 천국에 산다면 저런 모습이 나올까? 태어나서 저분만큼 여유를 즐기는 사람을 본 적이 없다. 나도 잔디에 내 보드를 두고, 그 위에 누웠다. 바쁠 게 무엇 있으랴? 그저 지금 이 순간에 어울리는 걸 즐기면 될 뿐이다. 언제나 쉽게 가질 수 있는 여유가 아님을 알기에.

잠깐의 여유 끝에 맑은 미소를 띤 친구가 날 찾았다. 우리는 롱보드를 함께 즐기고, 서로 영상을 찍어주었다. 부에노스아이레스를 돌고 또 돌았다. 가보고 싶었던 서점도 갔다. 엘 아테네오. 세상에서 가장 아름다운 서점이라고 하더니, 그 웅장함이 압도적이었다. 오페라극장으로 개관을 했고, 극장으로까지 운영했다고 한다. 지금은 자연과 사람이 함께 만들어낸 위대한 유산인 책들로 가득한 서점이 된 엘 아테네오. 기념으로 책 한 권 사고 싶었지만, 짐이 늘어나는 걸 원치 않았기에 천천히 둘러보기만 했다. 책과 평생 함께 하기로 한 내겐 행복한 시간이었다.

7시경, 파비오의 수업이 끝날 즈음 학교로 갔다. 그는 수업 때문에 지쳐보였다. 오늘 하루 날 챙겨주지 못해 미안해하던 그는 내가 오늘 하루 있었던 일들을 전하니 다행이라며 좋아했다. 여행의 기간이 늘어날수록, 재미를 찾는 센서가 예민해졌음이 틀림없다. 부에노스아이레스에서의 마지막 밤. 파비오네 가족과 함께 마지막 만찬을 즐기는 것까지 무엇 하나 부족한 점 없는 완벽한 하루였다. 꿈같은 하루를 보내며, 잠을 청했다. 오늘 하루를 꿈에서 다시 만나길 바라며.

다음날 페루 행 비행기를 타러 공항에 갔다. 무슨 이유에서인지 비행기가 연착되었다. 부에노스아이레스는 날 보내기 싫은 걸까? 연착은 생각보다 길어졌고, 덕분에 다시 한 번 아름다운 석양의 하늘을 볼 수 있었다. 이번 세계여행 중에서 가장 아름다운 하늘을 가진 곳으로 꼽는 부에노스아이레스의 하늘. 그 하늘을 한 번 더 보게 해주려고, 마지막 선물을 주려고 연착이 되었나보다. 부에노스아이레스는 나에게 행복은 끝이 없음을 알려주었다.

이제 내 삶에도 부에노스아이레스의 하루를 담아볼까 한다. 아침에 일어나면, 오늘 하루는 어떤 즐거운 일들이 찾아올지 기대하고, 행복을 찾는 센서를 켜고 집을 나선다. 꿈같은 하루를 차곡차곡 쌓아서 일상이 될 때까지.

퐁텐블로 향하는 기차역에서 미국인 노부부를 만났다. 그들은 스페인 산티아고
순례길을 간다고 했다.

나도 문득 걷고 싶어졌다. 내 옆에 함께 있던 제프도 같은 마음이었을까?

"도영, 내가 정말 좋아하는 곳인데, 너도 좋아할 것 같아. 가볼래?"

제프가 이끄는 대로 산책로를 따라 걸었다. 잠시 후, 내 앞에 펼쳐진 광경을 믿
을 수 없었다. 성과 호수, 자연이 그대로 내 눈에 담겼다. 뜨겁지 않게 내리쬐는
햇빛, 이따금씩 불어오는 산들바람, 호수에 비친 성과 하늘, 그리고 나무들….
나는 고요 속에 한참을 앉아 있었다. 내게 절실하게 필요한 시간이었다. 그 누
구도 계속 달리기만 할 수는 없다. 잠시 멈추고 자신을 내려놓는 시간은 결코
낭비가 아니다.

- 제프, 프랑스

칭찬마스터의 탄생

헤이그, 네덜란드

"못 오는 거 알아. 다른 사람들도 너의 행복을 전해 받아야지! 넌 행복을 전하는 사람이니까. 여행 다니면서 더 많은 사람을 더 행복하게 해줘!"

누군가 던진 한마디로 마음이 따뜻해지는 때가 있다. 누군가의 '한마디'가 인생의 전환점이 되기도 한다. 우리가 하는 말에 사랑을 담는 것이 가장 단순하고 아름다운 표현법이란 것을 알면서도 종종 잊는다. 여행이 주는 행복감 덕분이었을까. 여행 중 친한 동생과 카톡을 하다가 이런 메시지를 받았다.

"오! 칭찬 들었다! 칭찬쟁이한테 칭찬 들었다! 칭찬마스터!"

칭찬쟁이, 칭찬마스터란 말을 듣는 순간, 내가 잘 살고 있구나! 싶었다. 나쁜 말을 하는 것보단 좋은 말을 하는 게 기분 좋고, 사람을 볼 때 장점이 더 잘 보이고, 나도 모르게 그걸 표현하는 게 좋다. 여행하며 나도 모르게 따뜻함이 배어 있었던가 보다. 친한 동생의 예쁜 면이 보여 자연스레 칭찬이 나오고, 그 칭찬에 기분 좋아하는 동생의 모습을 보니,

반대로 내가 받은 칭찬이 떠올랐다. 여행 중에 비슷한 칭찬을 여러 번 받았는데, 처음은 네덜란드인 디니카에게서였다. 네덜란드 여행 중에 친해진 디니카는 유럽을 떠나는 내게 카톡을 보냈다. (한국에 한 번도 온 적 없는 외국인 친구가 나와 소통하기 위해 카카오톡을 설치했다.)

"도영! 매일 너랑 재밌게 놀았던 게 생각나! 네가 이름 붙여준 우리 집 인형들이 있어서 더 그런 거 같아."

"도베어랑 영몽키 말이지? 걔네 잘 있어? 나도 재밌었는데. 여행하면서 느낀 게 있어. 난 정말 운이 좋아! 좋은 사람들을 많이 만나네. 너처럼 말이야."

"어? 나도 널 만난 게 운이 좋다고 생각했는데. 좋은 친구가 되어줘서 고마워."

"그렇게 말해주니 내가 더 고마워. 보고 싶다. 다시 가고 싶네."

"못 오는 거 알아. 다른 사람들도 너의 행복을 전해 받아야지! 넌 행복을 전하는 사람이니까. 널 보는 것만으로도 행복해져. 여행 다니면서 더 많은 사람을 더 행복하게 해줘!"

디니카는 내게 "모어, 모어(More, more)"를 외쳤지만, 솔직히 말해 난 돈과 명예에 대한 야망이 없다. 내 인생목표는 그보다는 사람다운 사람으로 사람답게 사는 것이다. 행복한 삶을 살아가는 것 그것이 전부다. 내 눈앞의 누군가와 다정하게 마주하며 보내는 시간이 가장 소중하다. 디니카의 칭찬은 그간 내가 살아온 삶을 인정해주는 말이었다. 디니카는 지나가는 말로 했을지 몰라도, 내겐 '난 내가 원하는 대로 살아가고 있구나'라며 스스로를 대견해 하고 보듬어줄 수 있는 순간이었다. 같이 헤이그를 여행했던 친한 동생, 종빈이와의 대화가 떠오른다.

"종빈아. 너 그동안 나랑 보드 오래 탔잖아. 날 잘 알잖아. 스타일라이더 때부터 한 팀이었고, 내가 보드 타는 걸 많이 봐왔지. 내가 댄싱하는 사람들 위해서 LDL(롱보드댄싱랩) 만든 것도 알고, 처음에 너한테 도움도 많이 요청했고 말이야. 지금 여행 중이긴 한데, 보드씬을 위해서 내가 또 할 게 있을까? 넌 내가 어땠으면 좋겠어?"

"음, 지금 이대로요."

"응? 지금 이대로라니, 무슨 말이야?"

"형은 행복해보여요."

"그, 그래?"

"네. 지금 이대로 즐기면 되는 것 같아요."

디니카의 칭찬과 같은 맥락이었다. 나라는 사람이 행복해서 다른 사람도 함께 행복할 수 있다니, 이보다 좋을 수가 있을까. 난 성공한 사람이었다. 불과 6~7년 전만 해도 이런 상황은 꿈조차 꿀 수 없었는데, 요즘 다른 사람들 눈에 난 이렇게 보이는구나, 하고 깨닫는 순간 온몸에 소름이 돋았다. 돌이켜보면, 25살 이전과 이후가 크게 다르다. 25살 이전엔 열등감이 많았다. 이럴 때 있지 않나. 예쁘게 꾸미고 한껏 뽐낸 타인의 겉모습만을 보고, 스스로 숨기고 싶은 못난 속마음과 비교하는 순간들. 그러면 당연히 기분이 상할 것인데. 나 혼자만 못나게 사는 것 같아 가족, 세상을 향한 분노까지 있었다. 세상으로부터 스스로를 가뒀다. 어린 시절부터 내게 찾아온 불행에 갇혀 모든 걸 저주했다. 사람을 만나는 게 너무나 두려웠다.

이대로는 도저히 살 수 없겠다는 생각에 사로잡혀 있을 때, 함께 일하던 형에게서 책을 선물받았다. 우리 같은 사람은 책을 읽어야 한다는,

그 안에 희망이 있다는 그의 말에 지푸라기 잡듯 책을 집어 들었다. 책 속에서 만났던 이들로 인해, 그들의 멀쩡해 보이는 겉모습과 다르게 누구나 나처럼 여린 면이 있다는 걸 깨우쳤다. 그렇게 조금씩 용기를 내서 세상으로 나갔다. 사시나무 떨듯 떨며 자기소개를 하던 내게 사람들은 따뜻한 시선을 보냈다. 세상은 생각보다 좋은 사람들이 많았고 무섭지 않았다. 난 그렇게 25살부터 매년 내 인생 최고의 해를 만들어갔다.

25살 이후 힘든 일이 없었던 것은 아니다. 힘겹지만 견뎌낸 시련들은 내게 보이지 않는 선물을 주었다. 큰 아픔을 남들보다 잘 견디게 해주고, 작디작은 행복조차 크게 느끼게 해주는 내면. 사람답게 살아가는 데 큰 무기가 되어주었다. 그래서인가보다. 주변 사람들이 나를 보고, "너 잘 지내는구나!" "너 행복해보여!"라고 말을 건네는 이유 말이다.

앞으로도 매번 힘든 일과 즐거운 일이 공존할 것이다. 주변상황에 너무 휩쓸리지 않으면, 여유가 생기고 삶의 아름다운 부분들이 보인다. 간혹 검은 구름이 하늘을 뒤덮을지라도, 내 슬픔만큼이나 폭우를 쏟아내도, 파란 하늘은 그 자리에 있다. 시간의 흐름에 따라 꽃은 피고 지지만, 모든 꽃은 그대로 아름답다. 석양에 뺨을 물들이고, 짙은 밤하늘의 별과 달이 보이는 날에 소중한 사람과 함께 웃을 수 있다면, 그것만으로도 좋다.

과거의 괴로워하던 나처럼, 지금 현재가 너무 아픈 이들에게도 아름다움이 함께 하기를.

당신 마음속 깊은 곳에 있는 따스한 무언가를 잊지 말기를.

그렇게 난 오늘 하루도 누군가에게 기분 좋은 칭찬 한마디를 건넨다.

난 칭찬 마스터니까.

여행하며 가장 보기 좋았던 건

사랑하는 연인들이 함께 꽁냥대던 거야.

이들은 이미 보물을 찾았으니, 여행할 필요가 없겠던 걸.

365일을 생일처럼 특별한 날로 만들 수 있다면

알메리아, 스페인

여행은 내게 생일보다 더 특별한 날들을 수없이 선사해주었다. 생각해보니 꼭 여행만 특별한 것도 아니었다. 내 삶에는 여행 이외에도 특별한 날들이 가득했다. 마치 다시 태어났다고 여길 만한 순간들이.

    스페인 안달루시아 지방에 위치한 알메리아(Almeria)에 왔다. 생각했던 루트와 다른 경로로 선회하는 것은 여행이 가진 묘미 중 하나다. 즉흥성에서 비롯된 새로운 즐거움들을 몇 번 경험하고 난 후엔 오히려 순간순간 다가오는 변화를 좋아하게 되었다. 발렌시아에 가려던 것을 포기하고, 타리파에서 만난 니토(Nito)의 초대로 알메리아를 찾아온 것 역시 마찬가지였다. 생각지도 못했던, 심지어 알지도 못했던 알메리아에서 생일까지 맞이했다. 세계여행 중에 맞이하는 생일이라니…. 니토가 물었다.

    "도영, 생일인데 하고 싶은 거 있어?"

    "글쎄, 시티크루징 해볼까? 크루징하고, 맛있는 거 먹고 하면 더 바

랄 게 없지."

"그렇다면 평생 기억에 남을 크루징을 시켜줄게! 발렌시아를 포기한
걸 최고의 선택으로 여기도록 만들어주지."

세계여행을 하며 많은 곳에서 크루징해온 나에게 이렇게 자신 있게
말하다니, 궁금증과 기대로 심장이 뛰었다. 니토는 곧장 친구들에게 연
락을 했고, '그곳'에서 집결하기로 했다. 얼마나 행복한 코스길래 이렇
게 빠르게 진행될 수 있는 거지? 니토는 급히 가방에 이것저것을 챙겨,
나를 끌고 나왔다. 곧장 버스에 올라탔고, 알메리아 꼭대기를 향해 갔
다. 알메리아에 이토록 롱보더들이 많았던가?

그.리.고.

이곳에서 내 인생 최고의 시티크루징을 하게 되었다. 그리 심하지 않

은 내리막 경사로 이루어진 도시 이곳저곳을 누비며 크루징을 하며 스텝을 밟았다. 알메리아 크루와 함께 소리 지르며 즐겼다. 도시 전체가 놀이동산으로 바뀐 셈이다. 지중해 도시답게 파아란 하늘에 높고 쭉 뻗은 야자수 나무들이 그림 같은 가로수 길을 만들어냈다. 눈부신 자연을 마주치다 옆쪽을 바라보면, 세월의 흔적이 고스란히 박힌 모래색 성벽이 보였다. 탄탄한 성벽은 힘차게 내려가는 우리를 지켜주는 호위무사 같았다. 며칠 전 맛있게 먹었던 브런치를 파는 노란 카페를 보니, 스치는 바람마저 달달했다. 약 30~40분간 보드를 타고 내려오면서 행복을 만끽했다. 이대로도 충분했건만, 최종 도착지를 보는 순간 비명을 지르지 않을 수가 없었다. 그곳은 바로 지중해였다! 위에서부터 내려오면서 보이는 게 바다라니. 믿을 수 없었다. 세상에 이런 곳이 존재한다니. 계속된 크루징에 몸이 지쳐서일까? 두 눈 가득 들어오는 풍경에 감탄해서일까? 다리가 후들거렸다. 친구들과 보드를 해변 모래에 꽂아두고, 재빠르게 물속으로 다이빙을 했다. 지중해 바다에 멍하니 떠있을 수 있다니. 정말 환상적인 경험이었다. 세상은 아름답다, 태어나길 잘했다, 하는 생각이 절로 들었다.

아직 해가 지지도 않은 초저녁, 니토가 생일파티를 열어주었다. 스페인 친구들에 둘러싸여 스페인어로 생일 축하노래를 듣는 날이 오다니. 뒤늦게 휴대폰을 확인한 나는 세계 각지의 친구들에게서 도착한 축하메시지를 보았다. 한국 친구들보다 다른 나라 친구들로부터 축하한다는 연락을 더 많이 받았다. 하루가 너무 짧아 이들 모두에게 감사함을 표현하지도 못하고 다음날로 미뤄야 했다. 내가 뭐라고 이런 응원과 축하를 받을까? 울컥했다. 감사하고 미안한 마음이 내 안에서 파도

치듯 울렁거렸다.

어린 시절 왜 나를 낳았냐며 부모님께 소리 지르기도 했다. 세상 모두가 나의 적이라고 생각하며 한없이 작아지기도 했다. 내가 태어난 의미가 있을까 싶었다. 부정적인 감정의 소용돌이에 휩쓸린 적이 셀 수 없이 많았다. 그럴 수밖에 없었다. 나만 그런 건 아닐 것이다. 인간이란 불완전한 존재로 태어나 불완전한 존재로 죽을 수밖에 없으니 말이다.

그래서였을까. 좋은 일도 많았지만, 힘들고 슬프고 괴로운 일들이 더 많았을 1년을 잘 버텨왔다고, 잘 이겨내고 살아왔다고 축하해주고 응원해주려고 생일을 이렇게 특별히 여기나보다. "Happy birthday!" 생일 축하한다는 따뜻한 말 한마디, 선물을 주는가보다. 이날만큼은 특별히 더 행복하고 좋은 일 있으라고. 힘내서 밝게 살아가자고. 괴로운 순간이 많지만 잠시나마 빠져나와 행복한 마음으로 살기 위해 노력하자고 말이다.

문득 이런 생각이 들었다. 생일만 특별해야 할까? 다른 날들도 특별하게 보낼 수 있지 않나? 단 하루만 응원 받고, 축하받아야 하는 건 아니잖아. 1년 365일 하루하루 모두를 생일처럼 특별한 날로 만들 수는 없을까? 여행은 내게 생일보다 더 특별한 날들을 수없이 선사해주었다. 생각해보니 꼭 여행만 특별한 것도 아니었다. 내 삶에는 여행 이외에도 특별한 날들이 가득했다. 마치 다시 태어났다고 여길 만한 순간들이.

2006년 12월 28일, 우리 엄마가 절망하고 무너진 날, 나는 다시 태어났다.

2008년 5월 12일, 인생 가장 아름다운 별로 가득한 하늘 속에서 다시 태어났다.

2009년 2월 27일, 책을 만나며 나는 다시 태어났다.

2010년 3월 22일, 군인으로 다시 태어났다.

2012년 5월 31일, 네이버 어썸피플이라는 카페를 열며 다시 태어났다.

2012년 9월 5일, 롱보드를 처음 타며 다시 태어났다.

2016년 3월 15일, 세계여행을 떠나며 다시 태어났다.

… 등등 너무나 많다.

1월 1일부터 12월 31일까지를 생일처럼 특별한 날들로 만들며 살아가는 것 또한 재미있을 것 같다. 최소한 추억이 가득한 사람은 될 테니. 노년이 되었을 때 모든 날들을 축하하고 추억할 수 있도록 만드는 것. 이것이 나의 일생의 프로젝트이다. 1년이라는 캘린더에 추억들을 새겨 넣는다. 이미 꽤나 쌓였다. 앞으로도 상상하지 못한 즐거운 생일들이 기다린다는 사실에 두근거린다.

모두들 오늘도 생일 축하합니다. Happy birthday!

지금 누가 행복해보이나요?

카디스, 스페인

"내게 행복은 거창한 게 아니야. 날 사랑하는 엄마가 있고, 내가 사랑하는 클라우디아가 있지. 돈을 많이 벌진 않지만, 내가 좋아하는 서핑으로 일을 하고, 보드를 타. 내가 사랑하는 사람들과 보낼 시간이 있고, 내가 좋아하는 일을 하면서 살아. 죽을 때까지 내 사랑을 퍼트리며 사는 거야. 이게 가장 중요해."

흔히들 인간이 살아가는 목적은 행복을 위해서라고 말한다. 그런데 어떤 게 행복일까? 행복이 무엇이라고 단언하기 어려운 이유는 저마다 행복이 다르게 정의될 수 있어서이다. 혹시라도 당신의 행복이 무엇인지 생각해보고 싶다면, 이 질문이 도움을 줄 것 같다.

"지금 누가 행복해보이나요?"

연예인이 떠오를 수도 있고, 실제로 친분이 있는 사람이 떠오를 수도 있다. 어쩌면 과거 역사에서 숨 쉬고 있는 인물이 떠오를지도 모른다. 누가 되었든 떠오르는 사람이 있다면, 왜 그 사람이 행복해 보이는지 생각해보자. 그게 바로 당신의 행복의 조건이다.

내가 이 질문을 받았을 때, 여러 사람이 떠올랐고, 그 중 한 명은 의심할 여지없이 차노(Channo)였다. 세계여행을 하며 만난 특별한 친구. 해외에서는 나이에 상관없이 친구가 되지만, 한국 문화에 익숙한 내게 동갑인 차노는 더욱 더 친구 같았다. 그의 삶의 방식이 내 삶의 업그레이드 버전 같다는 생각이 들곤 하던 친구, 차노를 소개하려 한다.

차노는 스페인 카디스에 산다. 스페인 남부에 위치한 카디스는 바다와 접한 도시다. 스페인 남쪽 여러 도시들과 마찬가지로 유럽 문화와 인근에 있는 아프리카 문화가 섞여 건축양식들도 예쁘고, 해안 도시 특유의 넉넉하고 친근한 분위기가 있다. 거리를 걷다 보면 서로 인사를 하는 모습이 자주 보인다. 이곳에 사는 이들은 마음의 거리가 가깝다는 것을 제대로 느낀 적이 있다. 난 차노와 함께 보드를 타고 카디스 구석구석을 돌아다니며 영상을 찍었고, 편집을 해 페이스북에 올렸다. 그날부터 돌아다닐 때 어디를 가든 보이는 사람마다 내게 영상 잘 봤다며 인사를 하고, 저녁에 바에 가면 맥주까지 사줬다. 순식간에 나는 카디스 사람들에게 친구로 받아들여졌다.

차노는 카디스와 닮았다. 항상 밝고, 긍정적이다. 친화력이 좋아 누구와도 쉽게 친해진다. 여행 준비를 하던 내게 차노가 인스타그램 디엠을 보냈다. 한 번밖에 본 적 없고, 대화를 제대로 나누지도 못했지만, 자기 집에 놀러오라는 말과 함께 사진을 한 장 보냈다. 사진 속에는 맑은 바다가 있었다. 차노 집 창문으로 보이는 풍경이라고 했다. 환히 보이는 바다가 차노의 마음 같았다. 반쯤 열린 창문은 어서 찾아와 남은 반을 열라는 듯 느껴졌고, 넓고 푸른 바다는 차노 마음의 크기와 색으로 다가왔다.

차노의 일상은 심플하다. 아침에 일어나 친구가 일하는 게스트하우스로 간다. 차노 친구가 준비해준 아침을 먹고 따뜻한 커피를 마시며 친구와 대화를 나눈다. 작은 사다리를 통해 숨겨진 통로를 찾아 올라가면 옥상이 나오고, 녹색 화분들이 반기고, 가운데 코랄블루 빛 그물 해먹에 누워 여유를 즐긴다. 시에스타(낮잠)를 하고 일어나 삶의 일부가 되어버린 집 앞 바다로 나간다. 바닷가에서 자란 차노는 바다와 파도에 대해 잘 알고, 패들서핑을 가르치는 일을 업으로 한다. 차노 덕분에 나도 패들서핑을 기본자세부터 배울 수 있었다. 바다를 향해 패들하는 첫 경험이었다. 즐거웠지만, 저질체력이 드러났다. 물을 저어 나아가지 못해 그저 서핑보드에 누워 둥둥 떠다녔지만 그마저도 행복했다. 강습이 끝난 차노가 넘어와서 대신 패들해주기도 하고, 장난치면서 바다에서 해지는 모습을 바라보았다. 저녁엔 바에서 맥주 한 잔씩 하며 동네 사람들과 어울리거나 패들서핑 수업을 받은 사람들과 어울린다. 여자를 좋아하는 차노는 마냥 헤헤거린다. 차노의 친구는 차노가 인기가 많아서 같이 있으면 여자들이 다 그에게만 간다며 투덜거렸다. 그만큼 차노는 매력이 넘쳤다.

차노 동네에 와서야 알게 된 놀라운 사실은 차노가 돌싱남이라는 것이다. 나와 같은 나이지만, 벌써 결혼을 했다가 이혼까지 했고, 클라우디아(Claudia)라는 예쁜 딸이 있다. 현재 클라우디아는 엄마랑 같이 살고 있지만, 차노는 클라우디아를 주기적으로 만난다. 클라우디아의 날에 함께 만난 클라우디아는 처음 본 나를 낯설어했지만, 아빠 차노를 좋아하는 마음이 확실하게 느껴졌다. 차노 옆에서 떨어질 줄을 몰랐다. 독일에서 일하던 차노가 카디스로 돌아온 이유 역시 클라우디아 때문이었

다. 차노에게 가장 소중한 건 클라우디아였기에.

삶의 굴곡을 겪었으면서도 웃음을 잃지 않는 차노에게 물어보았다.

"차노, 너한테 행복은 뭐야? 행복해?"

"난 행복해. 사실 내게 행복은 거창한 게 아니야. 돈을 좇지도 않아. 날 사랑하는 엄마가 있고, 내가 사랑하는 클라우디아가 있지. 비록 돈을 많이 벌진 않지만, 내가 좋아하는 서핑으로 일을 하고, 보드를 타. 내가 사랑하는 사람들과 보낼 시간이 있고, 내가 좋아하는 일을 하면서 살아. 죽을 때까지 내 사랑을 퍼트리며 사는 거야. 이게 가장 중요해."

"물론 돈이 없어서 못하는 것도 있긴 하지. 너처럼 보드타며 세계여행을 가고 싶어도 그럴 돈은 없거든. 하지만 널 초대하고 함께 어울리면서 그 여행을 같이 하는 게 되지. 그 순간에 만족하며 내가 원하는 걸채울 수 있다고 생각해."

차노의 행복에 나 역시 깊이 감화되고 공감이 되었다. 차노는 누구는 어떻고, 누구는 또 어떻다는 이야기를 하지 않았다. 그는 자신이 이럴 때 즐겁고, 이럴 때 행복하다고 말하곤 했다. 그는 결코 사람의 겉모습에 현혹되지 않았다. 삶의 방향이 자신을 향해있을 때 누군가는 이기적이라 말할지라도, 그것이 차노가 스스로의 행복을 발견해 누리는 방식이었다. 게다가 그는 죽을 때까지 자신의 사랑을 퍼트리며 살겠다고 했으니. 자신의 행복과 사랑을 주변에 퍼트리며 사는 삶, 이것은 차노에게도, 내게도 진정한 행복이자 바람이다.

근데, 차노야. 한국여자랑 결혼하고 싶다고? 그건 좀 힘들 것 같은데? 차라리 스페인에 놀러 와서 눌러 사는 사람을 한 번 찾아봐. 하하하. 누구보다 순수한 미소를 가진 청년. 수많은 이들로부터 좋은 사람이라는 말을 듣는 차노. 다른 사람들의 시선에 아랑곳하지 않고, 눈앞에 존재하는 단 한 사람에게 깊고 강렬한 마음을 전하는 친구. 마음속 깊은 곳에 있는 따스함으로 수많은 이들과 공감하는 차노가 부럽다. 차노는 그 자체로 행복의 아이콘이니까. 그와 함께 사랑을 널리 퍼트릴 수 있다면, 더 이상 바랄 바가 없겠다.

Good memory makes you happy person

And bad memory makes you good person.

좋은 기억은 널 행복한 사람으로 만들고

나쁜 기억은 널 좋은 사람으로 만드는 거야.

- 차노, 스페인

1등보다 더 중요한 것

로사리오, 아르헨티나

1등이라는 단어처럼 행복도 1등으로 높아야 하는데, 그게 아니었다. 행복은 이루고 얻어내는 것이 아니라, 느끼는 것이었다. 행복을 느낄 줄 아는 사람이 되는 게 먼저였다.

　아르헨티나 여행 약 2주 동안 어디를 여행할지 정해두지 않았다. 정해진 여행보다 즉흥적인 여행이 더 재밌으므로. 단 한 곳, 부에노스아이레스만 확정해둔 채 날아간 아르헨티나. 역시 난 여행 운이 따라주는 사람인가보다. 부에노스아이레스에 사는 파비오(Fabio)가 친구 나후엘(Nahuel)을 소개해줘서 이번엔 라플라타로 넘어갔다. 그리고 라플라타에서 만난 친구들이 내게 로사리오에서 롱보드 대회가 있는데, 같이 가지 않겠냐고 물었다. 내가 잘 몰랐던 아르헨티나 보더들을 한 번에 많이 만날 수 있는 자리를 내가 거절할 리가 없었다. 아르헨티나 여행은 부에노스아이레스, 라 플라타, 로사리오로 이어지며, 잊지 못할 추억들이 생겼다. 모든 걸 미리 짜놓았다면, 지금의 여행은 없었을 거란 생각에 미소가 번진다.

우리는 나후엘 차에 총 6명이 타고 로사리오로 떠났다. 장거리였지만 아르헨티나 보더들이 노는 모습을 보니 지루할 틈이 없었다. 전통차 마떼를 돌아가며 마시면서 프리스타일 랩 배틀이 벌어졌다. 난 알아듣지도 못하는 에스파냐어임에도 이들의 라임과 박자에 흥이 돋았다. 불현듯 학창시절 수학여행 바이브가 이 자리로 소환되었다. 장거리라 중간에 한 번씩 내려서 쉬어야 했는데, 난 그게 좋았다. 한 번은 내렸더니 옆에 초록 들판이 펼쳐져있고, 말들이 돌아다녔다. 여유가 넘치는 발걸음을 보며 느긋이 쉬었다. 또 한 번은 바닥에 자리 잡고 앉아 뉘엿뉘엿해지는 시간을 즐겼다. 아르헨티나 시골 어딘가에서 만난 붉은 노을이 아닌, 보랏빛 노을에 감탄이 절로 나왔다. 방전된 친구들은 차 안에서 하나 둘 꿈나라로 향했고, 나후엘과 수다를 떨던 나조차 스르르 잠들고 말았다. 분주한 소리에 눈을 떠보니 어느덧 짙은 어둠이 깔려 있었다. 비몽사몽한 채로 친구들 손에 이끌려 숙소에 들어갔고, 다음날을 기대하며 다시 잠들었다.

대회 장소는 파라나 강을 옆에 둔 광장이었다. 광장은 탁 트인 공간, 내리쬐는 햇빛, 활발히 움직이는 사람들로 가득했다. 윗옷을 벗은 스케이터들이 기물을 타며 날아다니고, 길고 예쁜 다리를 자랑하듯이 롤러를 타고 빙글빙글 도는 여자들이 한켠을 차지하고, 스트릿 댄서들이 블루투스 스피커를 틀어두고, 춤 배틀이 펼쳐지기도 했다. 다들 실력이 대단해서, 보고 있기만 해도 강렬한 에너지가 느껴졌다. 대회 시작하기까지 시간이 조금 남아있어 우리는 스트레칭으로 몸을 풀기 시작했다. 네덜란드 쏘유캔 대회를 제외하고는 이번 여행에서 대회에 참가

해 본 적이 없었다. 스페인에서도, 브라질에서도 내가 맡은 역할은 심사위원이었다. 그런데 이번에는 친구들이 대회 나오는 게 어떻겠냐고 해서 나가기로 했다. 알고 보니 내가 결정하기도 전에 이미 등록이 되어 있었다. 작정하고 날 데려온 거라니, 역시 남미 사람들의 경쟁심은 알아줘야 한다.

솔직히 난 경쟁이 싫다. 1등, 2등, 이렇게 사람을 줄 세워 놓는 방식이 마음에 안 든다. 특히 보드는 남을 흉내 내는 게 아니라, 자신만의 스타일을 창조해내는 재미가 가장 중요하다. 각자 자신만의 스타일에 있어서 온리원이건만, 대회를 통해 등수를 매기는 건 언제나 날 뾰루퉁하게 만든다. 대회에 맞는 기준이 확실하게 나와 있는 것도 아니고, 대회를 위해 준비하는 것도 밉다. 자기 자신을 위해 탈 뿐인데.

하지만, 어쩌겠는가? 다 같이 모여 놀 수 있는 것 또한 대회인 것을. 피할 수 없으니 일단 즐겨봐야지. 아르헨티나 대회는 트릭과 댄싱이 완전히 구분된 채로 진행이 되었다. 결과만 놓고 말하면, 난 댄싱파트에서 1등을 했다. 이번 대회를 나가기 전, 많은 대회에 참가했던 나는 비 오는 날 대회를 제외하곤 모든 대회에서 시상대에 올랐다. 유럽대회에서 한 번 3등을 제외하고, 국내외 모든 대회에서 2등을 했다. 만년 2등만 하던 사람이 1등을 하는 순간, 현장에서 많은 아르헨티나 친구들이 축하해주기 바빴고, 내 영상을 통해 롱보드 댄싱을 접하고, 시작한 친구들은 내 라이딩에 감탄했고 좋아해줬다.

내 롱보드 인생, 첫 1등. 감사하고 기뻐야 했지만, 기쁘지 않았다. 그 이유는 간단하다. 대회에서 내 라이딩이 만족스럽지 못해서였다. 솔직히 말해 지금껏 나갔던 대회 중에서 가장 마음에 안 들었다. 실수도 많

앉고, 내가 보여주고 싶은 걸 제대로 해내지 못한 게 슬펐다. 아마도 이들은 나의 스타일을 인정해줘서 1등을 준 거 같다. 그 결과를 인정하지 않은 사람은 없었으니 어쩌면 그들 눈에 난 잘 탔을지도 모른다. 다만 내 스스로 만족하지 못했기 때문에 결과를 즐기지 못했던 것이다. 깨달았다. 중요한 것은, 과정이 스스로에게 정말 만족스러웠는가이다. 내겐 결과가 좋다고 해서, 과정이 만족스럽게 바뀌진 않았다. 오히려 좋은 결과보다는 순간에 집중하고, 즐기고, 최선을 다하는 과정에서 진득이 느껴지는 감동과 더 친해지고 싶다.

돌이켜보면 그렇다. 1등을 하건, 2등을 하건, 3등을 하건, 혹은 시상대에 오르지 못하건 결과만큼의 순서대로 행복을 보장해 주는 것은 아니었다. 적어도 내겐 그랬다. 1등이라는 단어처럼 행복도 1등으로 높아야 하는데, 그게 아니었다. 행복은 이루고 얻어내는 것이 아니라, 느끼는 것이었다. 행복을 느낄 줄 아는 사람이 되는 게 먼저였다. 피부로, 마음으로, 나 자신의 감성을 소중히 여길수록 행복해진다는 생각이 드니, 결과로부터 조금 자유로워졌다. 대회에서의 성적이 아니라, 대회를 남 부럽지 않게 잘 즐기자가 목표가 되었고, 자연스럽게 더 큰 행복이 내게 찾아왔다. 대회에 나갔던 이유 역시 마찬가지다. 단순히 경험을 위해서라면 단 한 번 대회에 가는 것으로 충분하지 않았을까? 왜 나는 자주 대회에 나가고, 심사를 봤을까? 답은 단순하다. 재밌어서다. 대회에 나가면 평소에 쉽게 만나지 못하는 사람들을 만날 수 있다. 함께 그동안 연습했던 것을 공유한다. 참가자들을 응원하고 환호한다. 구경만 하는 것보다는 참가를 하는 것이 나중에 후회가 덜 되고 추억이 되었고, 그런 순간을 즐기는 내가 좋았다.

　잘될 때도 있고, 잘 안될 때도 있겠지만, 결국 있는 힘껏 해보는 수밖에 없다. 그 과정에서 스스로가 마음에 드는 자신이 되길, 그렇게 모두가 각자의 행복 안에 젖어들길 바란다. 그때야말로, 가장 빛나는 순간과 결과가 찾아왔을 때, 진심으로 만끽할 수 있는 거라 믿는다.

하루하루가 마지막 날이라니

홍콩

"돈을 열심히 벌어서, 옷을 사고, 시계를 사고, 차를 샀어. 그런데, 왜일까? 그 순간에는 분명 행복했는데, 그 행복은 너무도 짧게 끝나고 말았어."

시작이 있으면 끝이 있다지만, 내 인생 다시없을 여행도 이제 얼마 남지 않았다. (사실 다시없을 여행이라고 단언할 순 없다. 그러고 싶지 않다.) 마지막 여행지로 향하는 여운을 느끼기 힘들 만큼 미국에서 홍콩으로 날아가는 길은 시련으로 가득했다. 10시간이 훌쩍 넘는 비행, 불편한 좌석, 설상가상으로 내 뒷좌석에 앉은 중국인 할아버지는 발작을 하셨다. 몸을 부들부들 떨었고, 소리를 지르고, 의자를 발로 차고, 식사를 던지기도 했다. 그분을 안정시키기 위해 승무원들이 여럿이 달라붙었으나 소용없었다. 길고 길었던 시간이 흐르는 동안, 한숨도 못자고 홍콩에 도착했다. 한국에 돌아가기 전 마지막 여행지인 만큼 차분하게 여행하면서 머릿속에 가득한 상념들을 조금이나마 정리하고 싶었다. 그러나 기내에서의 일은 하드코어 여행의 서막에 불과했다.

바로 이 홍콩 하드코어 여행은 한국인 롱보더들이 만들어줬다. 한국에서 친한 롱보더들이 홍콩여행을 왔고, 때마침 내가 홍콩에 머무는 시기와 맞물렸다. 오랜만에 보는 한국인 보더들이라 반갑고 기뻤는데, 이것이 바로 수난의 시작이었다. 미국에서 홍콩으로 넘어오며 생기는 시차와 비행기에서 만난 할아버지 때문에 최악의 컨디션임에도 이들은 홍콩에서의 5일 동안 내게 15시간의 수면만을 허락해주었다. 각자의 일정이 다르면서 하루하루가 누군가의 여행 마지막 날이었기 때문이다. 너무나 피곤해서 쉬고 싶었던 내게 "나 마지막 날인데, 혼자 일찍 쉬러 갈 거야?"라며 아쉬워하는 말에 도무지 빠질 수가 없었다. 여유 있는 여행은커녕 모든 날들을 하얗게 불태우는 시간이었다. 신기했다. 마지막이 찾아오는 순간마다 어디선가 숨겨져 있던 에너지가 튀어나오다니. 한 줌의 아쉬움도 허락지 않기 위해서, 다시 찾아오지 않을 이 시간을 떠나보내기 싫어서, 자의 반 타의 반 하드코어가 되어갔다.

오늘 하루를 인생의 마지막 날인 것처럼 보내라 했던가? 며칠을 마지막 날처럼 보내다 보니, 얼마나 힘든지 영혼이 빠져나가는 느낌이었다. 이러다 정말 인생의 마지막 날이 되는 거 아닌가 하는 생각이 들었다. 잠은 죽어서 자라는 말은 나를 위해 있는 듯했다. 대부분이 떠나고 나의 마지막 날이 밝았다. 홍콩 친구들과 네덜란드 친구와 함께 홍콩의 옛 모습이 남아있는 동네와 거리를 돌아다니고, 홍콩 음식을 먹으며 알찬 하루를 만들었다. 새벽에 들어온 숙소에서마저 대화가 끊이지 않았다.

홍콩 친구, 네덜란드 친구, 한국인과 함께 홍콩의 밤을 지새웠다. 홍콩 트레브롤(Travelol)은 샵 이름부터가 Travel과 lol을 합친 것이고, 네덜란드에서 놀러온 알토 역시 매년 길게 여행을 계획해서 실제로 해내고 마는 친구였고, 나와 함께 있던 한국인 형 역시 여행 다니는 것을 좋아했다. 그래서 자연스럽게 우리의 화제는 여행이 되었다. 홍콩 친구와 네덜란드 친구가 먼저 이야기했다.

"내가 지금처럼 여행하기 전에 말이야. 열심히 일해서 돈을 벌고, 그걸로 사고 싶은 걸 사는 게 좋았어. 그래서 더 열심히 벌어서, 더 많이 샀지. 옷도 사고, 시계도 사고, 차도 샀어. 그런데, 왜일까? 그 순간에는 분명 행복했는데, 돌이켜보면 아쉽기도 해. 남는 게 물건뿐이라니. 그게 날 우울하게 만들었어. 그때부터 여행이나 경험에 돈을 쓰기 시작했지."

"순간의 행복을 위해서, 그마저도 지금이 아닌 미래에 존재하는 순간의 행복을 위해서 현재를 희생하며 아등바등 사는 내가 싫어질 때가 있었어. 그래서 기왕이면 오래 남는 행복이 무엇일까를 고민했어. 나름의 결론을 내린 게 여행이었어. 여행은 그 순간의 행복만으로도 물건을 사는 것보다 컸어. 그런데 거기에 그치는 게 아니더라고. 여행을 하며 만난 사람들과 좌충우돌하며 지냈던 시간들이 내게 추억을 선물해줬어. 이 행복이 내겐 조금이라도 더 지속되는 행복이 되는 걸 깨닫고, 지금까지 여행해. 그래서 지금 내가 여기 있는 거야."

"여행을 오면, 떠나기 전까지 머릿속을 가득 채웠던 모든 시름과 걱정이 날아가버리는 게 너무 좋아. 자유로워. 어쩌면, 합법적 마약이 여행이 아닐까 싶어. 사실, 내겐 롱보드도 똑같아."

친구들과 대화를 나눌수록 여행과 행복에 대한 생각이 간단히 정리되었다.

순간의 행복을 소중히 여기고 차곡차곡 쌓아가면, 오래도록 행복하기 마련이라고.

여행이 끝나가며 그동안 얼마나 행복했던가, 하는 생각에 감동이 밀려왔다. 아! 서른의 내가 나에게 눈부신 선물을 해주었구나. 오래도록 떠올리는 것만으로도 행복할 수 있는 추억과 경험이 남았구나. 떠나기 전 그토록 망설이고 두려워했던 여행이었는데, 전 세계의 친구들과 함께 한 여행은 지금까지 살면서 나 자신에게 준 대체 불가능한 최고의 선물이자 축복이 되었다.

금방이라도 쏟아질 듯 밤하늘을 수놓은 별무리 아래서,

반짝이며 일렁이는 에메랄드 빛 바다 앞에서,

세상 무엇보다 크고 넓게 뻗은 울창한 숲속에서,

구름 위를 날아가는 비행기에서 창밖을 바라보며,

세계 곳곳에 다양한 좋은 친구들을 만나 어울리며,

그 어느 때보다 행복했다.

너와 나의, 우리의 여행에게 손을 흔든다.

살다가 어느 날 해피 센서가 무뎌진다면, 여행을 떠나도 좋겠다.

그 전에 참지 못하고, 여행을 떠날 것이 뻔하지만.

난 운이 좋은 사람

처음 여행을 떠난다는 글을 올렸을 땐, 100일 여행이 목표였다. '100 days reset travel'이라는 이름으로 시작한 여행은 믿기 힘들게도, 여행하며 만난 친구들의 도움으로 221일이라는 보물 같은 시간으로 이어졌다. 첫 여행지는 중국 베이징이었다. 한 번도 만난 적 없고 대화를 나눠보지 못했던 양총의 초대였다. 공항에 마중 나오기로 했던 그가 혹시나 안 나올까 두려워하며 기다렸던 순간이 잊히지 않는다. 다행히 양총은 또또와 함께 나왔고, 그들은 내게 중국 베이징은 어떤 곳인지, 중국 사람들은 롱보드를 어떻게 즐기는지를 보여주었고, 덕분에 나는 인스타그램이나 페이스북을 잘 하지 않는 그들의 삶을 경험할 수 있었다. 새로운 만남이 좋은 인연으로 이어지며 처음 가졌던 두려움은 설렘으로 바뀌어갔다.

여행하며 만난 친구들은 나에게 이렇게 물어보곤 했다.

"어떻게 세계여행을 할 수 있어?"

"지금까지 여행해보니 어때?"

"내 꿈이 롱보드 타고 여행하는 건데, 완전 부럽다."

그 모든 말에 난 진심을 담아 한마디를 할 수 있을 뿐이었다.

"I'm so lucky."

'운칠기삼'이라는 말이 있다. 운이 칠 할이고, 재주나 노력이 삼 할이라는 뜻으로 세상의 일은 운이 더 중요하다는 뜻인데, 바로 나에게 해당되는 말이었다. 행운이 따라주지 않았다면, 이번 여행을 해내지 못했을 것이다. 가는 곳마다 나를 반겨주는 사람을 만나, 웃고 떠드는 시간을 갖고, 맛있는 음식을 먹고, 저녁이면 맥주를 함께 마시고, 내게 기꺼이 방 한 칸을 내어주고, 같이 여행을 즐기고, 다음 여행을 위해 다시 친구를 소개시켜주고, 여행하며 만난 친구들이 자기 사는 도시에도 여행오라며 초대해준 일은 기적과도 같았다.

내가 보드를 단순히 잘 타서(심지어 잘 탄다고 말하기도 민망하다)가 아니라, 행운이 따라줬다는 게 맞다. 돌이켜보면 보드를 만난 타이밍마저 운이 따랐다. 국내에서 롱보드가 알려지기 전, 국내에 크루가 지금처럼 많지 않을 때 나는 보드를 시작했다. 그만큼 보드 기술을 배우기는 어려웠지만, 덕분에 특출나게 어려운 걸 하지 못하던 내가 주목받을 수 있었다.

마침, 같은 스팟에서 자주 봤던 스티브 J, 요니 P가 차린 스타일보드샵으로부터 스폰을 받게 되었다. 국내에 댄싱/프리스타일로는 손에 꼽을 수 있을 만큼 적었던 스폰받는 라이더가 된 것이다. 덕분에 다양한 즐거움이 찾아왔으니, 나야말로 운 좋은 사람이 아니겠는가.

내가 운이 좋아서라는 말을 할 때마다, 친구들에게 이런 말을 듣기도 했다.

"도영, 네가 운이 좋은 게 아니라, 운을 부르는 것일지도 몰라."

친구들의 말대로 내가 운을 부르고 있었다면, 앞으로도 운이 나를 찾아오게 하고 싶다. 사실 내가 운이 좋을 수 있던 것은 친구들을 만나서인데, 그렇게 말해주는 이들이 고맙고, 또 고마울 뿐이다. 내게 베푼 그들의 손길은 더할 나위 없이 따뜻해서 그 온기를 잊을 수가 없다.

프롤로그에서 나는 이렇게 말했다.

'다른 나라 사람들은 어떤 삶을 살고 있을까? 내가 살아가는 방식은 이대로 괜찮은 걸까? 어떻게 살아야 좋은 걸까? 서른이 되면 여행을 떠나, 다양한 문화, 사람을 만나며 생각해보고 싶었다.'

　여행하며 만난 친구들은 대부분 하는 일은 다르지만, 자신의 삶을 알차게 살아내고 있었다. 우리는 다 다르기에, 살아가는 방식에는 정답이 없었던 것이다. 그 모습은 내게 누구나 각자 자신만의 방식으로 의미 있고 재미있는 삶을 살 수 있다는 희망을 주었다. 내가 바라는 삶을 살 수 있다는 희망을. 이번 여행이 내 안에 심어준 작고 소중한 씨앗을 잘 길러본다면 말이다. 난 운이 좋은 사람이니, 가능한 일일 것이다.

　하지만 솔직히 말하자면 지금 난 친구들이 몹시 그립고, 다시 여행을 떠나고 싶을 뿐이다.

당신은 고마운 사람

돌이켜보면 2016년의 세계여행은 참 말도 안 되는 여행이었다. 221일이라는 시간 동안 단 하루의 숙박비도 들지 않았다니. 여행비용은 대부분 교통비, 숙박비, 생활비의 3분할로 이루어지는데, 내가 만난 이들의 도움 덕분에 상상조차 하지 못했던 여행을 할 수 있었다.

2016년 세계여행을 하며 행복했던 탓일까. 이후에도 매년 유럽, 중국, 대만 등등 여행을 계속해왔다. 여행하며 매번 즐거웠지만, 마음 한켠에 2016년의 여행이 남아있었다. 의미가 깊었던 여행인 만큼 제대로 남기지 못했다는 생각에 마음의 짐이 되었다. 부족한 대로 브런치에 여행 글을 짧게나마 하나씩 올리게 되었다. 그렇게 차츰 글이 쌓여갔고, 독서모임을 함께 운영하는 어썸피플 멤버들(유근용, 김인숙, 강철, 김인혜)은 나에게 책으로 묶어보라고 했다. 넌 할 수 있다며. 20대 시절, 남자들은 남자들끼리, 여자들은 여자들끼리 동거하며 지냈던 만큼, 서로의 인생을 진심으로 응원하게 된 어썸피플 운영진은 너무 늦었다고 생각한 내게 용기를 주었고, 난 비로소 힘을 얻었다. 이들에게 너무 고마운 마음뿐이다.

어썸피플의 응원에 힘입어 부끄러운 원고를 몇몇 출판사에 투고했다. 그 결과, 도서출판 푸른향기와 맺어졌다. 첫 미팅 때 나를 믿고 격려해준 박화목 팀장님께 감사하다. 또한, 처음 투고했을 당시 많이 부족했던 내 원고에 조언을 아끼지 않으며 지금의 책으로 나오게 해준 한효정 대표님께도 감사의 말을 전한다.

내게 책을 쓰는 과정은 매우 어려웠다. 글이라는 매개체로 내 여행을 정리하겠다는 스스로의 약속을 깨고, 포기하고 싶다는 생각을 수도 없이 했다. 하지만 스트레스를 해소하러, 보드를 타러 갔다가 스팟에서 만난 여러 보더들의 브런치 잘 보고 있다는 응원의 말과 다음 글과 책은 언제 나오냐는 기대어린 말들은 내게 큰 힘을 주었다. 또한 내 글을 궁금해 하고, 미리 읽고 부족한 점을 짚어준 친구들에게도 감사하다.

함께 보드를 즐기는 수밤크루(김진현, 김진희, 석유진, 조종빈, 문형경, 김효진, 이수빈, 정지원)는 물론이거니와 수밤날에 자주 찾아오는 모든 준수밤 멤버들에게도 감사하다. 이들이 있어, 롱보드 라이프를 더 즐길 수 있었고, 글을 쓰며 힘들어하는 와중에도 웃는 시간이 많았다.

내 롱보드 라이프의 첫 번째 스폰이자, 잊을 수 없는 스타일라이더 팀을 운영했고, 기쁜 마음으로 추천사까지 써준 스티브 J와 요니 P, 두 분께도 감사의 말을 전한다.

나는 안다. 위에서 언급한 사람들뿐 아니라, 주변에서 날 응원해주는 사람들이 많다는 것을. 간혹 당황스럽지만, 팬이라고 말하며 날 좋아해주는 분들이 계시다는 것을. 부족한 나를 아껴주시는 모든 분들께 다시 한 번 진심으로 감사의 말을 전하고 싶다.

당신은 내게 고마운 사람입니다.

Special thanks to everyone who I skated, talked, had good times with, huge love to you.

Jeff Corsi, Mehdi Poppins Manolo Khocha, Arto Rohde, Ðineke Kelly, Guleed Yussuf, Tim Snel, Jildou Dammers, Phanuel Boxman, Giulia Alfeo, Maria Arndt, Joel SC, Simon Sti, Sergej Schwarzkopf, Sebastian Mühlbauer, Regina Bott, Max Bro, Wm Naumann, AWHOU, Christopher Weggler, Duude Junior, Eloi Apostol Pujol Ribalta, Ohmylong Tarifa, Hortensio Dias Claros, Veronika Ramicova, Bastian Delgado, Diego Faye Perez, Ines Pen, Jesus Silva, Laura Zuluaga Mellizo, Nito Alonso Martinez, Vandalusia Longboard Crew, Oscar Borrajo Rey, Riding Adventures, Marcos Villefort, Culiba Ballesta Torres, Smile Longboards, Nikita Plotnikov, Long CityLife, Artjoms Smirnovs, Alex Batista, Teresa Madeline Geer Batista, Eduardo Campos, Brenno Brélvis, Nahuel Ramirez, Fabio Martinez, David Bob Garcia B, Miley Carolina Ortiz, Arian Chamasmany, Ethan Cochard, 한지연, Travelol longboard LTD.

롱보드 대회 추천

롱보드 대축제

네이버 카페, 롱보드코리아에서 주관하는 봄대회. 흔히 '롱대'라고 부른다. 4월 중순에서 5월 중순 사이에 매년 열린다. 지금까지 신촌 차 없는 거리에서 열렸다.

롱보드 페스티발

네이버 카페, 롱보드코리아에서 주관하는 가을대회. '롱페'라고 부른다. 10월 중순에서 11월 초 사이에 열린다. 상암 평화의 공원에서 주로 열렸고, 2019년에는 녹천교 아래 인라인스케이트장에서 진행했다.

So you can longboard dance

네덜란드에서 4월에 열리는 롱보드 프리스타일 대회. 롱보드 프리스타일 대회 중 가장 큰 대회로, 북미, 남미, 유럽, 아시아 등 전 세계에서 모인다. SNS상에서 보던 많은 롱보더들을 직접 만날 수 있다.

세계 롱보드 스팟 추천

독일 베를린, 템펠호프(Berlin, Tempelhof Feld)
옛 공항이며, 활주로를 이제는 공원으로 쓴다. 드넓은 공간에서 다양한 여가활동을 즐기는 공간이다.

포르투갈 코스타노바(Costa Nova), 강 옆길
코스타노바는 예쁜 색감의 줄무늬 집들로 가득하다. 강을 따라 길게 뻗은 아스팔트길에서 보드를 타기 좋다. 반대편으로 마을을 넘으면, 바다와 백사장을 볼 수 있다.

프랑스 파리, 트로카데로(Paris, Trocadero)
에펠탑이 보이는 트로카데로. 에펠탑을 바라보며 보드를 즐긴다. 파리의 많은 롱보더들을 만날 수 있다.

스페인 바르셀로나, 바르셀로네타(Barcelona, Barceloneta)

바르셀로네타 해변 앞 대리석 길은 보드 타기 좋다. 단, 소지품을 소매치기 당하기 쉬우니 특히 조심해야 한다.

브라질 상파울로, 이비라푸에라 파크(San Paulo, Ibirapuera Park)
야외지만 천장이 있어 뜨거운 태양을 피하고, 여름 낮에도 탈 수 있고, 비올 때도 보드탈 수 있다.

네덜란드 헤이그, 스헤베닝언 해변(Hague, Scheveningen Beach)
헤이그 스헤베닝언 해변가를 따라가면, 보드 타기 좋은 땅으로 길게 뻗어있다. 중간 중간 스케잇파크도 볼 수 있다.

미국 LA, 베니스 스케잇파크 & 해변길(LA, Vanice Beach)
베니스 해변의 베니스 스케잇파크는 세계적으로 유명하다.

아르헨티나 부에노스 아이레스, 2월 3일 공원(Buenos Aires, February 3 Park)
큰 공원으로 호수도 있고, 주변의 아름다운 자연을 바라보며 크루징하는 것만으로도 기분이 좋아지는 스팟이다.

러시아 모스크바, 베덴하공원(Moscow, VDNH)
전 러시아 전시회장으로 규모가 큰 전시회장이다. Park와 Expo로 나뉘는데 공원 쪽이 보드 타기 좋다.

SO
YOU
CAN

초판1쇄 2020년 8월 3일 **지은이** 권도영 **펴낸이** 한효정 **편집교정** 김정민 **기획** 박자연, 강문희 **디자인** 화목,
이선희 **일러스트** 권도영 **마케팅** 유인철, 이산들 **펴낸곳** 도서출판 푸른향기 **출판등록** 2004년 9월 16일 제
320-2004-54호 **주소** 서울 영등포구 선유로 43가길 24 104-1002 (07210) **이메일** prunbook@naver.com **전
화번호** 02-2671-5663 **팩스** 02-2671-5662
홈페이지 prunbook.com | facebook.com/prunbook | instagram.com/prunbook

ISBN 978-89-6782-110-4 03980
ⓒ 권도영, 2020, Printed in Korea

값 15,000원

이 도서의 국립중앙도서관 출판예정도서목록(CIP)은 서지정보유통지원시스템 홈페이지(http://seoji.nl.go.kr)와
국가자료공동목록시스템(http://www.nl.go.kr/kolisnet)에서 이용하실 수 있습니다.
CIP제어번호 : CIP2020028712